小宅放大 行內才懂的
尺寸關鍵術

暢銷改版

從人體工學開始,抓出最好的
空間比例、傢具尺寸,人就住得舒適

漂亮家居編輯部 著

目錄 Content

PART 1

小住宅格局規劃，
體質調好了，尺度才開闊

Point 1　　拔除多餘隔間，空間合而為一

Point 2　　微調格局，調整各區空間比例

Point 3　　善用垂直高度，創造複層機能

Point 1

拔除多餘隔間，空間合而為一

小坪數空間中有時會為了讓所有人都能滿足，而做了過多的隔間，使得原本就很小的空間，變得更為零碎，不僅遮擋住陽光，生活也不夠舒適。不如適當拆除隔間，坪數獲得釋放並合併使用，維持空間的完整性。同時以公共區和私密區的角度分開思考，適度運用隔間遮蔽臥寢私密區，而公共區則有效整合使用機能，動線不分散凌亂。

問題格局

原始空間小，隔間又多最討厭

雖然多數人都希望在現有條件下多出幾間房，但房數太多反而會讓空間更加零碎，每個空間都變小，陽光也無法到達每個區域而過於陰暗。同時空間被分散各處，動線就缺乏交集，家人難以互動，產生孤立感。

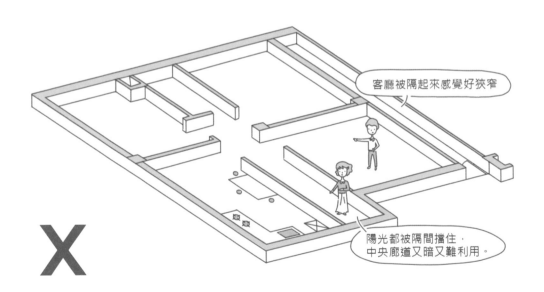

客廳被隔起來感覺好狹窄

陽光都被隔間擋住，中央廊道又暗又難利用。

X

尺度思考 01

合併最好用的空間

拆除隔間時，需思考要拆除哪些區域才是最好用的。一般來說，以公共區而言，最常合併使用的為玄關＋客廳、客廳＋餐廳、餐廳＋廚房。以使用機能來說，客廳合併餐廳以及餐廚合一的方式，透過客廳茶几變飯桌或是廚房吧檯兼用餐區，可減少使用的空間坪數，讓餐廳的角色消失，合併到客廳或廚房使用。而通常玄關使用的坪數較小，在空間狹小的情況下，玄關往往會納入客廳之內，延伸視覺的通透性。

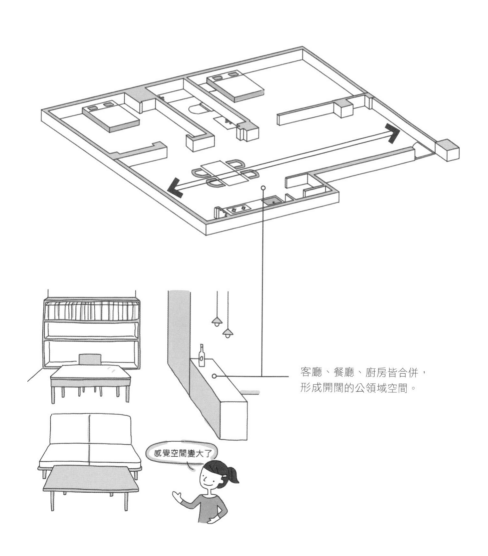

客廳、餐廳、廚房皆合併，
形成開闊的公領域空間。

感覺空間變大了

Part 1
—
Point 1
拔除多餘隔間，空間合而為一

尺度思考 02
順光拆除隔間

拆除不當隔間的同時，注意日光來源。可適時透過隔間拆除，迎入採光最大值，只要光線明亮，小空間自然放大許多。像是長形格局中，中央往往會照不到陽光，若前後有採光，調整格局時不如消弭阻隔在中央的隔間，能夠讓兩側採光都進入，空間也能有放大的效果。

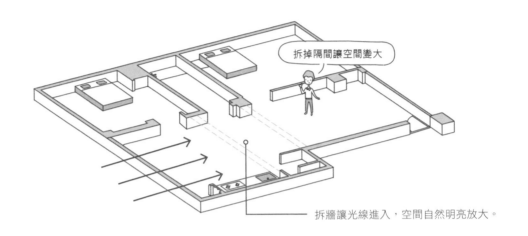

拆掉隔間讓空間變大

拆牆讓光線進入，空間自然明亮放大。

尺度思考 03
公共區和臥寢區分割來看

在思考如何整併或調整隔間時，必須把公共區和臥寢區分開思考，一般會先合併客餐廳或是餐廚區，整併之後確認空間大小是否會過大或過小，再和臥寢區調整。而臥寢區則包含臥房、衛浴和更衣室。一般以客廳的空間深度來說，約在 4 公尺左右即可，若是客廳後方即為臥房時，最少深度為 240 公分為佳。

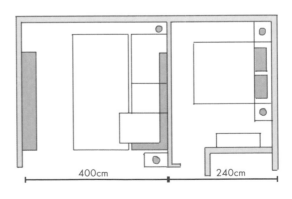

400cm　　　240cm

確認各空間的使用機能找到最適的尺度。

尺度思考 04

即便要區隔，保持通透才是最重要的

在小空間中，若有隔間的必要，建議採用可穿透的材質，像是玻璃隔間、格柵設計都能讓空間維持通透性，視覺才能向外延伸，展現原有的空間尺度，有效放大空間。另外，除了材質的運用外，牆面的高度和寬度也能加以利用。可透過牆面兩側不做滿或是半牆的設計，適度看到其他空間，也能有空間放大的錯覺。

採用半牆設計，保有原先的空間深度。

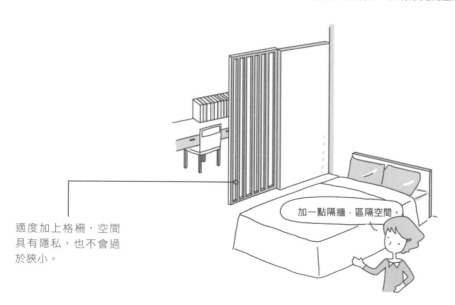

適度加上格柵，空間具有隱私，也不會過於狹小。

加一點隔牆，區隔空間。

排除隔間屏障，盡收露天陽台好視野

為突顯與室內 1：1 等比例的露天大陽台優勢，除了將出入陽台的小門改以落地窗來增加採光與開放感；為符合小夫妻二人的互動生活，將原三房二廳的封閉格局完全放棄，讓廚房開放，與餐區、書桌、中島吧檯整合至居家中心軸，而客廳則以沿窗設置的座榻區取代，讓生活動線環繞著書、餐桌而進行著。這樣變更後的格局不僅使 25 坪空間擁有更大公共區，最棒的是無論是在起居區、餐廳、廚房與書桌區均能擁有更寬敞的視野與腹地。

文／鄭雅分 空間設計暨圖片提供／明代室內設計

室內坪數：25 坪 **原有格局**：3 房 2 廳 **規劃後格局**：2 房 1 廳 **居住成員**：夫妻

before

問題 1

因廚房與臥房的隔間牆阻擋，導致客、餐廳僅有二小扇採光窗，且只能由廚房進出陽台，無法突顯陽台價值。

問題 2

原本客廳與餐廳連結為 L 型格局，不僅空間不大，而且大門區也很難規劃玄關，使客廳直接面對大門，少了層次感。

問題 3

舊有封閉廚房為一字格局，既小又不好使用，無法滿足屋主對於開放生活與大廚房的期待。

破解 1
拆除臨陽台的廚房與臥室隔間

將屋內後半段的廚房與臥房隔間拆除，並改為落地窗後，超大露天陽台立即與室內串聯，讓客、餐廳與廚房得以順利後移，同時也可享受陽台採光，解決室內陰暗問題。

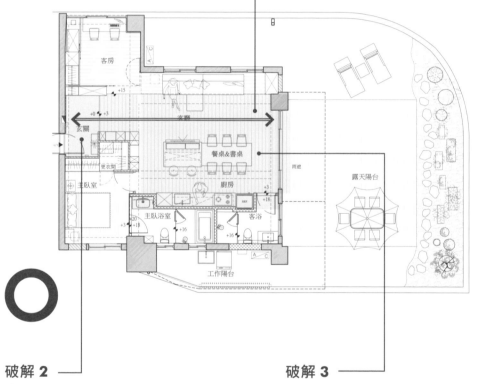

破解 2
客、餐廳退居第二線，增加玄關格局

將主臥室與客房配置在大門左右二側，配合出入動線與門口複合書櫃得以規劃出玄關，增加格局層次感，也為臥室與公共區創造出更多收納設計。

破解 3
餐廚區共用概念，使生活尺度放大

先以開放格局規劃出一字型大廚房，再配置並排而立的大餐桌兼書桌，以及中島吧檯來滿足用餐、工作等生活需求，最後在吧檯前端吊掛電視機，提供沙發區的娛樂影音需求。

實例解析
case 2

公共空間化零為整，賦予多元機能定義

客廳、餐廳、廚房、臥房全是封閉隔間，若未來可能增加小孩的家庭，將不利於彈性機動調整空間配置。因此小公寓預先深謀遠慮。空間主要切割成臥房與公共領域，臥房為一大房與一大間更衣室，更衣間即可預留作為未來的小孩房，而再將客廳、餐廳、廚房破除牆面，抹除隔間界線，從玄關一進門時，主視覺即落在書牆上，玄關與餐廳採取格柵的櫃體作為屏隔，餐廳則以大面積木格柵為牆，創造日系簡約風格氣質與品味。

文／陳婷芳 空間設計暨圖片提供／六十八室內設計

室內坪數：26 坪　**原有格局：**3 房 1 廳　**規劃後格局：**2 房 1 廳　**居住成員：**夫妻、1 小孩

| before

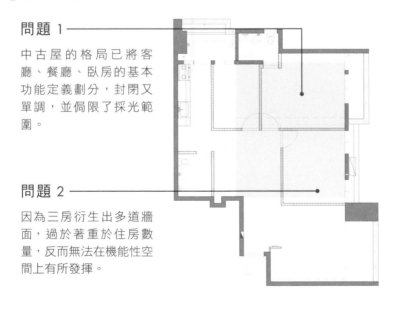

問題 1

中古屋的格局已將客廳、餐廳、臥房的基本功能定義劃分，封閉又單調，並侷限了採光範圍。

問題 2

因為三房衍生出多道牆面，過於著重於住房數量，反而無法在機能性空間上有所發揮。

after

破解 1
臥房不隔間， 隨需求調整機能

拆掉主臥與次臥牆面，將原本次臥調整為機能性的更衣
間，符合時下都會型態的年輕夫妻生活空間需求，未來
也可預備作為小孩房。開放式更衣間也可藉此獲得採光。

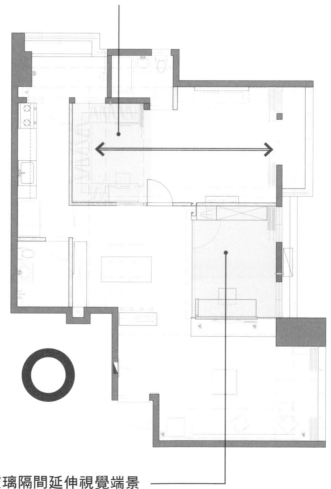

破解 2
書房採取玻璃隔間延伸視覺端景

將多功能房進行空間切割化整合，化零為整，書房採用強化玻璃隔
間，與客廳、餐廳空間通透，延伸視覺端景，但放下隱藏式捲簾，即
可保有隱私，回歸隔間特有優勢。

case 3
拆除一房，
換來凝聚家人情感的寬闊空間

僅有 21 坪的空間，雖然隔出 3 房，卻也讓公共空間變得狹小，且過多隔牆限制採光，因而產生陰暗、狹隘感。本案為新成屋，格局問題不大，於是在不動廁所、廚房的前提下，拆除其中一房規劃成用餐區，並利用開放式設計，將客餐廳兩個空間做串聯，打造成一個開放，且可凝聚一家人情感的公共區域；原來的開放式廚房，藉由加裝拉門與衛浴牆面拉齊，營造空間線條俐落感，也順勢將走道劃入廚房，擴大使用空間，也避免產生畸零死角。

文／王玉瑤 空間設計暨圖片提供／禾秝空間設計事務所

室內坪數：21 坪 **原有格局：**3 房 1 廳 **規劃後格局：**2 房 1 廳 **居住成員：**夫妻、1 小孩

before

問題 1

原始格局規劃，產生太多不必要且浪費的過道空間。

問題 2

隔成 3 房，公共空間變得狹猛，缺少開放感。

X

破解 1
隔牆拉齊，重整畸零地

利用大型櫃體以及拉門，將主臥、衛浴及廚房的隔牆
線條拉齊，不只營造視覺上的俐落感，也把因隔間形
成的過道空間劃入使用範圍，巧妙達到擴充空間目的，
也避免產生畸零地。

破解 2
拆除一房，釋放空間打造開闊感

拆除一房釋放空間，藉此擴大公共區域，並以開放式設計，串聯客餐
廳，打造開闊且可增加家人互動的生活場域；因為拆除隔牆，增加一
面採光，也解決了公共空間原本光線不足的問題。

Point 2

微調格局，調整各區空間比例

在房數足夠的情形下，有時會出現空間比例不適當的情形，像是臥房過大或是空間太小當不成臥房使用，只能作為儲藏室。另外，不當隔間的配置也容易造成畸零空間的產生。此時可透過微調格局，調動隔間位置，讓空間尺度獲得合理使用，同時消弭畸零地帶，使空間比例更為平衡。

問題格局

空間比例失衡不合用

隔間隔得不對，使得空間坪數分配不均，產生過大或過小不合用的情形。舉例來說，分給臥房的坪數太多，造成過大而有閒置空間，使得比例失衡；再者，隔間或出入口位置不對，也容易形成難以使用的畸零地帶，像是過長的廊道或是不實用的儲藏空間，空間變得不易利用，坪效未能全部發揮。

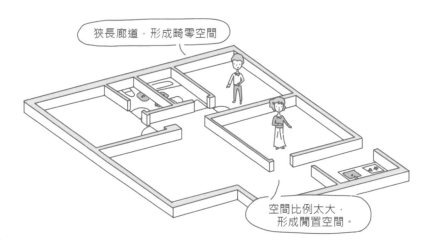

狹長廊道，形成畸零空間

空間比例太大，形成閒置空間。

尺度思考 01

拆除隔間重調比例，轉換空間角色

先確定各空間的使用角色，再確認公私領域的隔間尺度是否適當。舉例來說，在三房的情況下，若其中一房比例太大時，且要作為書房使用，則可拆除隔間縮小尺度，釋放空間給公共區或臥房等鄰近區域。同時，透過公共區合併，可維持通透的空間尺度。

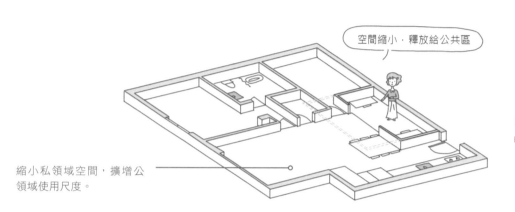

空間縮小，釋放給公共區

縮小私領域空間，擴增公領域使用尺度。

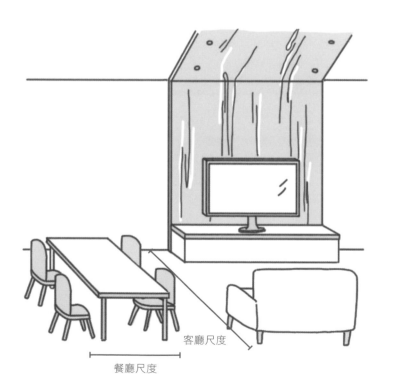

客廳尺度

餐廳尺度

拉齊牆面,避免畸零空間

在思考空間格局時,可當作是一個盒子,隔間或櫃體等同於隔板。可想像一下,若是相鄰的隔板前後位置不一,中間則就產生了空間的落差,這就是所謂的畸零地帶,這樣的空間多半是不易使用,因此不如將隔板排成平行,整體形成完整方正的形狀,空間更好運用。另外,除了可透過隔間調整畸零空間,也可透過玻璃拉門,可開闔的設計讓畸零區納入空間之中,消弭於無形。

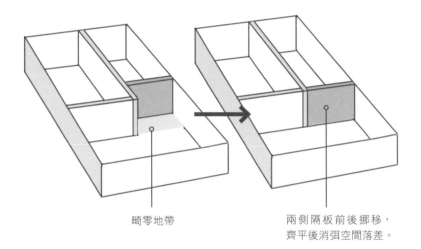

畸零地帶

兩側隔板前後挪移,齊平後消弭空間落差。

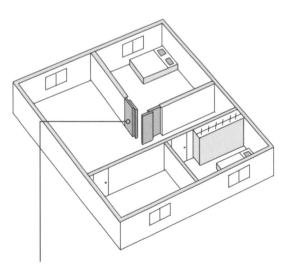

可隨時變動的拉門設計,讓空間界線消失,便能將畸零地帶化為無形。

隔間向外挪一些，擴增空間機能

空間坪數過小的情況下，可能會造成使用機能不足，此時建議將隔間向外挪移擴大坪數，才能讓機能入內。舉例來說，像是半套的衛浴空間，透過空間位移增加坪數，就能多出淋浴區。另外，臥房向外挪移一坪大，就能多了更衣空間，甚至還可能納入衛浴，臥房機能更加完整。

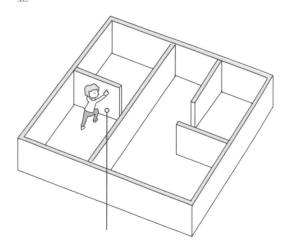

不夠的空間就往外挪，機能也就更加完善。

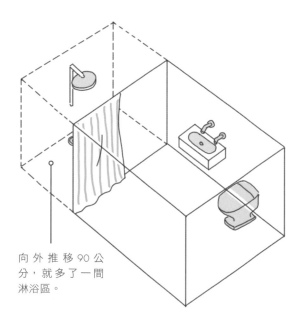

向外推移 90 公分，就多了一間淋浴區。

case 1
空間重整，化解畸零提高空間坪效

約 40 年的老房子，前後兩面採光、屋型呈瘦長型，由於空間規劃不當，導致臥房大小不一，且出現浪費空間的畸零地。首先，鄰近廚房的一房拆除，將空間進行整併，讓廚房區變得方正好規劃，不只增加了用餐區，原本的衛浴、廚房也因此得以擴大，並重新安排合理的使用動線；把玄關入口左側尷尬的空間隔成臥房，雖然因此形成廊道，但善用材質與燈光安排，便可解決廊道陰暗問題；另外，入口右側隔牆拆除，減少客廳封閉感，強調開闊的空間感。

文／王玉瑤 空間設計暨圖片提供／禾秝空間設計事務所

室內坪數： 24 坪　**原有格局：** 1 房 1 廳　**規劃後格局：** 2 房 1 廳　**居住成員：** 夫妻、1 小孩

before

問題 1 ————

鄰近廚房的一房過小，
不只難以使用，且讓廚
房空間變得曲折難以規
劃。

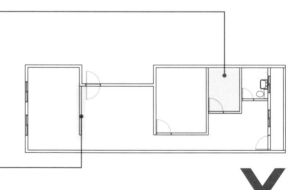

問題 2 ————

多餘隔牆，讓人產生狹隘
與壓迫感。

X

after

破解 1
重新整併，改善空間浪費問題

將入口左側空間規劃成臥房，空間變大
使用也更有餘裕，原來的臥房拆除與廚
房區做整合，因此可重新規劃並擴大衛
浴、廚房，甚至增加用餐區，形成一個
動線合理又舒適的區域。

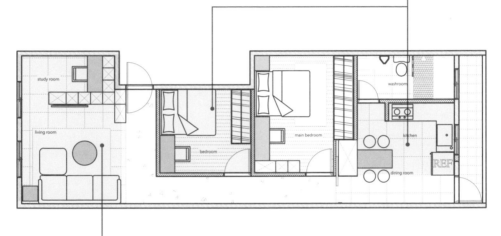

破解 2
拆除隔牆，營造開闊感

將玄關與客廳間的隔牆拆除，消除隔牆帶來的
壓迫感，空間因此感覺更為開闊，玄關與客廳
僅利用高櫃簡單做出區隔，與此同時也可滿足
收納需求。

case 2
重新規劃、整併空間，
還原合理生活動線

原始格局規劃零碎，且因過多隔牆，破壞空間完整性，生活動線變得曲折，也讓遠離採光面的廚房，顯得陰暗。針對坪數小與單面採光問題，設計師首先將非必要的隔牆拆除，以大型櫃體取代隔牆隔出主臥，爭取空間也解決收納需求，並將原來主臥與衛浴間的空間劃進主臥，擴大並增加臥房機能；另外，廚房與客廳藉由位置對調，調整成順暢、合理的生活動線，廚房捨棄上櫃設計，讓光線直達客廳，採用相異地坪材質與客廳做分界，則能維持整體空間的完整與開放感。

文／王玉瑤 空間設計暨圖片提供／十一日晴空間設計

室內坪數：13 坪 **原有格局：**1 房 1 廳 **規劃後格局：**1 房 1 廳 **居住成員：**1 人

before

問題 1 ————

空間不足，無法滿足主
臥機能需求。

問題 2 ————

規劃不符合生活動線，進
而造成使用上的尷尬與空
間的浪費。

破解 1

拆除隔牆,重新規劃主臥完整機能

將原來鄰近臥房的空間,藉由隔牆拆除,整併擴大主臥空間,並且重新規劃出更衣室、書桌區,主臥側牆拆除,改以雙面櫃取代,減少隔牆爭取多餘空間,也巧妙增加收納。

破解 2

客廳、廚房位置互調,打造合理動線

原始廚房位在入口左側,缺少隱密感也缺乏採光,拆除入口處牆面,增加空間開闊感,並藉由客廳與廚房位置互調,調整成合理的生活動線;由於只有單面採光,因此廚房捨棄櫥櫃吊櫃,以鏤空櫃體取代,讓光線可以沒有阻礙直達客廳區域。

case 3

善用高樓層視野，
強化採光放大空間感

原是屋齡 15 年以上的老屋，兩間小套房格局打通成一間辦公室。辦公區、會議室隔間相當簡單。由於位於高樓層的住商混合大樓，擁有極佳視野優勢，窗外風景藍天綠山引入室內是首要之務。一方面藉由低彩度設定，採取黑白極簡色調，另一方面運用活動隔間概念，以灰鏡橫拉門取代傳統牆壁，灰鏡反射客廳背牆又能創造放大視覺感。屋主養貓，廊道一旁規劃為專屬的垂直式貓道，窗台轉角的工作桌邊角採斜面造型，同樣是為了給毛孩子自由活動的空間。

文／陳婷芳 空間設計暨圖片提供／六十八室內設計

室內坪數：15 坪　原有格局：2 戶套房　規劃後格局：2 房 1 廳　居住成員：1 人

before

問題 1

僅有單邊窗，未善加利用採光，亦未能突顯高樓層享有的視野，讓屋齡十五年以上的老屋更顯得陳舊沉重。

問題 2

雖是打通兩間套房的辦公室，不過會議室、接待區等辦公隔間形式刻板僵化，完全暴露小坪數空間條件。

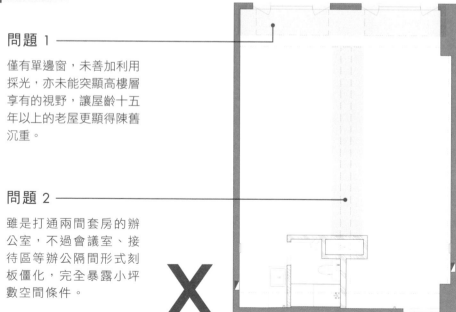

after

破解 1

灰鏡與拋光地磚輔助採光效能

單邊窗的採光必須簡潔俐落，基本色調以黑白兩色低彩度鋪陳，可使
空間感乾淨清晰，灰鏡與拋光石英磚皆能輔助採光效能，閱讀工作桌
設置在窗檯轉角處，收入窗外風景。

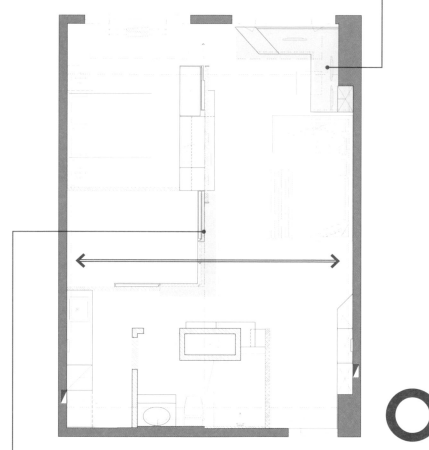

破解 2

開放活動式隔間創造放大視覺感

將房間與客廳的隔間牆，採取 L 型活動式橫拉門，拉門關上時，由於是使
用灰鏡材質，利用鏡面反射客廳背牆，前後端景營造層次感，創造放大一
倍的效果，並可設定成和室房。

Point 3

善用垂直高度，創造複層機能

在高度許可的情況下，小坪數空間通常會選擇向上發展以複層爭取更多生活空間，但若是做得太滿，面積過大，雖可取得較多的使用面積，卻容易讓下層空間變得陰暗又充滿壓迫感。應依全屋適當比例打造複層空間，讓下層保有挑高優勢，線條垂直向上延伸，拉闊空間感受。

問題格局

高度過低，壓迫又無光

複層空間最容易出現的問題是採光不足，這是因為多了複層後光線被遮擋，甚至被分割給上下層使用，若是再加上高度不夠，使得站在下層時，感覺離天花太近而有壓迫感。另外，複層空間也容易遇到上層面積過大的狀況，相對也讓光線不足。

尺度思考 01
高度適當不過矮

複層空間易因高度不足以至於使用上造成不適，進而降低使用頻率，變成閒置或堆放物品的空間。針對高度的分配，可採用地坪高低差設計化解夾層最容易陷入的高度迷思，將舒適高度留給長期停留的客廳和廚房，其餘被壓縮高度的區域，則可利用大量光線淡化壓迫感，且藉由精算高低差讓不同空間各自獲得適宜尺度，使用上也更添舒適。

190～200cm

能容得下人體站立的最適高度約在 190～200 公分。

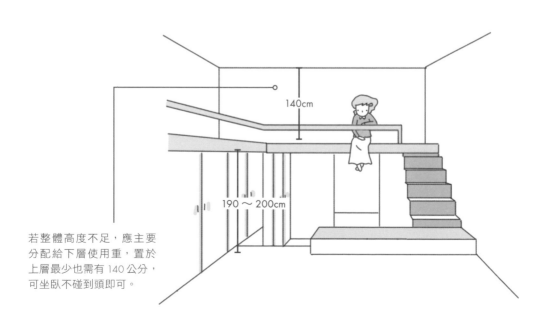

140cm

190～200cm

若整體高度不足，應主要分配給下層使用重，置於上層最少也需有 140 公分，可坐臥不碰到頭即可。

尺度思考 02

調整樓梯位置，不佔空間寬度

小坪數空間中若是要採用複層設計，多半是坪數不足而必須向上發展，因此空間多半為長形格局且面寬不大，若是樓梯的位置不對，座落於格局中央，將空間一分為二，就造成面寬左右深度不足，空間更難利用的情形。另外，也要注意樓梯盡量不遮擋空間，像是將樓梯放置於入口，使得通道變得擁擠。

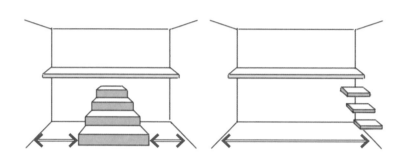

樓梯放置於中央

兩側的空間寬度不足，會空間被切割零碎。

樓梯置於側邊

留出完整的方正空間才好運用。

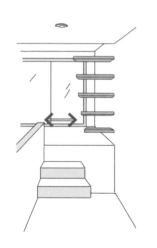

樓梯在出入口

佔據通道寬度，不易行走。

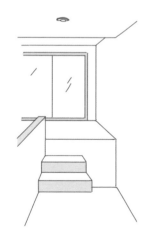

移除樓梯

恢復空間淨寬，視野自然開闊。

尺度思考 03

縮小複層面積，釋放高度

有時為了家人的需求，而做了過多的複層空間，甚至遮擋住陽光，造成空間雖好用，但卻顯得陰暗。不如捨棄部分複層坪數，將面積縮小，在靠窗一側保留空間的原有高度，不僅拉伸視覺使空間開闊，陽光也能無阻礙地進入室內，空間一旦明亮，自然產生放大效果。

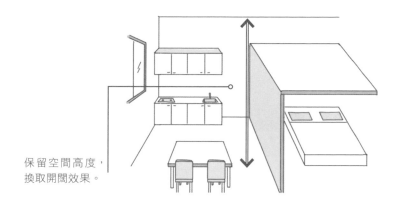

保留空間高度，
換取開闊效果。

尺度思考 04

善用高度獲得收納空間

在小坪數的空間中，可能往往無法有太多的收納空間，因此可利用複層設計的高度落差巧妙換取收納機能。像是可架高床鋪至 80 公分，透過架高空間不僅界定出臥房領域，架高處則可細分出豐富的收納區。另外，樓梯下也是隱藏收納空間的最佳場所，一般複層高度做到 190 公分高，樓梯下方往往也能延伸出相同高度的儲藏空間。

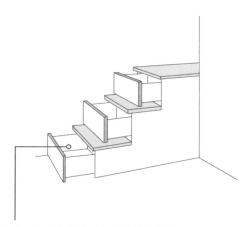

善用樓梯下方空間獲得豐富收納機能。

case 1

升高地板與動線，
創造收納與降板臥式起居區

這是一棟僅 8 坪的錯層挑高屋，先生因在外地工作，平日只有太太與孩子居住，但婆婆來附近看病時也會住在這裡，所以居住人口較為彈性，也形成另類的三代同堂。如何在極有限空間中滿足多元需求，設計師先以入門左半區地板高為準，再將右區局部地板升高延伸為走道，改善錯層格局高低地板，導致婆婆行走不便的問題，同時形成臥床區的降板格局，更具安定感。接著將高 4 米 2 的右區下層規劃為書桌區與臥式起居區，夾層則為小孩房，滿足全家人的需求。

文／鄭雅分 空間設計暨圖片提供／馥閣設計

室內坪數：8 坪　**原有格局**：1 房 1 廳　**規劃後格局**：2 房 1 廳　**居住成員**：夫妻、1 小孩

▍before

問題 1 ──────

僅有 8 坪空間，卻有四人的需求需要滿足，除了一般的收納機能，先生需要紅酒櫃、視聽牆，而小孩也需要書桌區做功課。

問題 2 ──────

室內因左右錯層格局，導致地板高低不平，一進門向右走便要下樓梯，對於婆婆來說行走較為不方便。

after

破解 1
升高地板，解決做收納、整平動線問題

將右側局部地板上升與左側等高，整平一樓書桌區與走
道高度，地板下方設計有上掀收納櫃，讓收納需求立體
化，同時右半側起居臥房形成舒適的降板格局。

1F

破解 2
拆除隔牆，營造開闊感

將玄關與客廳間的隔牆拆除，消除隔牆帶來的
壓迫感，空間因此感覺更為開闊，玄關與客廳
僅利用高櫃簡單做出區隔，與此同時也可滿足
收納需求。

2F

流理檯與電視牆共用，鬆綁空間尺度與視野

這是一棟僅有 11 坪的樓中樓空間，從大門口既有玄關格局向上發展共為三層，由於舊格局動線安排不佳，致使樓梯橫置屋內，採光也被樓梯阻斷，因此，首先將樓梯位置調整至一樓玄關處，以盤旋向上的垂直設計來節省空間，並讓出窗邊最佳採光度；接著將二樓客廳與廚房作開放合併設計，大膽地將原本狹窄廚房轉向，使工作檯面的壁面兼作電視端景牆，成功地放大空間尺度，也為屋主創造寬敞生活動線與瑜珈空間，至於三樓則作為主臥室專用。

文／鄭雅分 空間設計暨圖片提供／綺寓空間設計

室內坪數：11 坪　**原有格局：**1 房 1 廳 1 衛　**規劃後格局：**1 房 1 廳 1 衛　**居住成員：**1 人

before

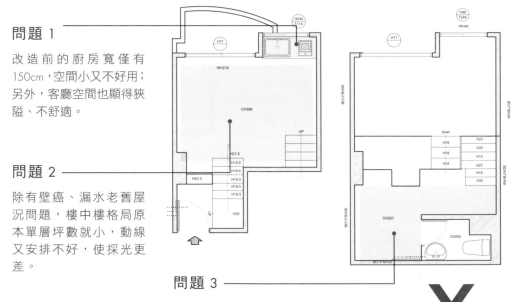

問題 1

改造前的廚房寬僅有 150cm，空間小又不好用；另外，客廳空間也顯得狹隘、不舒適。

問題 2

除有壁癌、漏水老舊屋況問題，樓中樓格局原本單層坪數就小，動線又安排不好，使採光更差。

問題 3

室內僅有 11 坪，做太多收納櫃擔心空間更形狹小，不做又容易讓空間顯亂。

破解 1
善用樓梯內的縫隙空間滿足收納

巧妙運用樓梯結構內部畸零空間，讓收納機能從各個面向隱藏在樓梯
轉角與壁面之間，充分利用每一寸空間，此外，主臥也規劃以上下排
櫃體來增加收納量。

破解 2
結合廚房與電視牆，讓問題迎刃而解

原屋內僅有 1.5 米寬的一字
型廚房，與屋主討論決定打
破格局將廚房轉向與電視牆
結合，經過精準尺寸計算，
讓爐台、電視、水槽三者在
同一直線上各司其職、又互
不干擾，也成就機能性更強
大的 L 型廚房與大客廳。

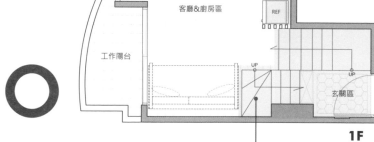

破解 3
集中樓梯動線，讓出採光面與腹地

為避免小空間被樓梯動線所截斷更形狹窄，將樓梯集中規劃
在玄關暗面並盤旋向上，讓採光面更完整保留下來。

PART 2

各空間的合宜尺度
和格局配置

Point 1   玄關。最需重視大門和櫃體的相對位置

Point 2   客廳。傢具比例展現小坪數的大器感

Point 3   餐廚。餐廚合一的尺寸比例

Point 4   臥房。優先決定床位，其餘傢具再配置

Point 5   衛浴。首重馬桶和洗手檯位置

Point 6   複層空間。準確拿捏高度分配

Point 1

玄 關

最需重視大門和櫃體的相對位置

小坪數空間有限,大多無法獨立隔出玄關,常見以地坪材質、屏風、鞋櫃等傢具簡單做出內外分界;在有限的空間裡,鞋櫃、穿鞋椅擺放位置,應注意不能位於開門迴旋半徑內,以免影響大門開啟,鞋櫃門片開啟時,是否會卡到大門,其餘如穿鞋椅等可視空間是否足夠,以靈活度高的活動性傢具適量安排。

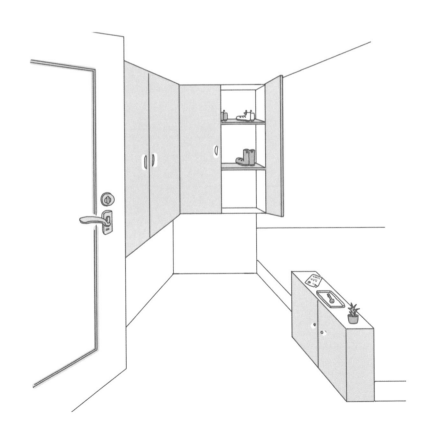

人體工學尺寸 01

考量活動舒適性，玄關深度最小需有 **95** 公分

一個成人肩寬約為 52 公分，且在玄關經常會有蹲下拿取鞋子動作，因此玄關寬度至少先需留 60 公分以上，此時若再將鞋櫃基本深度 35 ～ 40 公分列入考量，以此推算玄關寬度最少需 95 公分，如此不論站立或蹲下才會舒適。

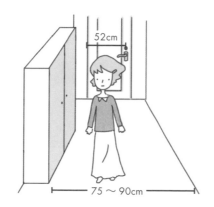

人的肩寬 52 公分，走道最少 75 ～ 90 公分

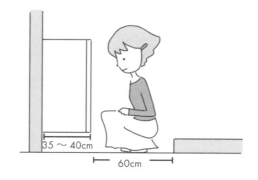

坪數小的情況，走道深度最少留 60 公分

落塵區設計為 **120 X 120** 公分

在沒有明顯區隔出玄關的空間，多以落塵區做為內外分界，由於大門尺寸寬度落在 90 ～ 100 公分，因此門打開迴旋空間需要有 100 公分寬，並需預留 20 公分的站立空間，因此落塵區至少應以 120 公分見方設計。

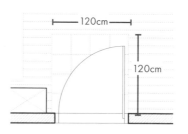

平面圖提供 _ 禾秝空間設計事務所

常見格局配置 01

狹長玄關，鞋櫃與大門平行配置

在考量玄關配置時，先確認格局的寬度和深度是否足夠。以狹長型玄關來説，通常受限於寬度，若將鞋櫃置於大門側邊，則壓縮到空間寬度，可能就不好轉身。為了保持開門及出入口順暢，鞋櫃與大門平行配置為佳，但此一配置方式，需注意玄關深度至少要120〜150公分，櫃體深度也最好依大門尺寸再做調整，以免與大門打到。

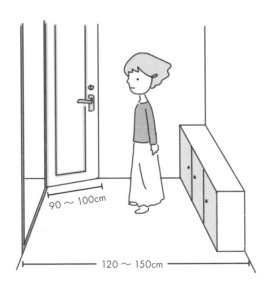

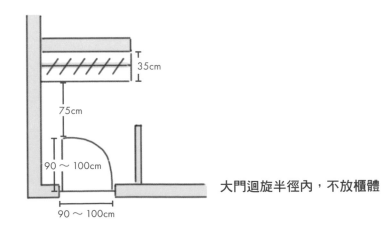

大門迴旋半徑內，不放櫃體

橫長形玄關，鞋櫃位於大門後側

若玄關寬度夠大，鞋櫃可置於大門的後側。要注意小坪數的空間中，鞋櫃和大門門片無法同時打開，一定會相互干擾，同時也要避免大門打開時撞到鞋櫃，必須加裝門檔，門檔長度大概 5 公分，因此大門與鞋櫃的間距最少還要加上 5 ～ 7 公分的距離，因此大門離側牆至少需有 40 公分以上。

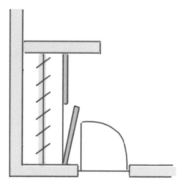

鞋櫃門片和大門相互干擾

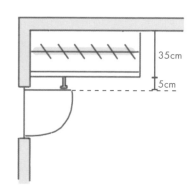

35cm

5cm

鞋櫃退縮 **5 ～ 7 公分**，並加上門擋

無明顯玄關，鞋櫃貼牆規劃

此一類型玄關多位在空間中間位置，若以櫃體隔出玄關可能影響室內空間規劃與開放感，櫃體過高也會感到壓迫，因此多採取規劃出落塵區以區隔出內外，鞋櫃則沿牆做安排，維持開放感，也滿足收納需求。

圖片提供 _ 珞石室內裝修有限公司

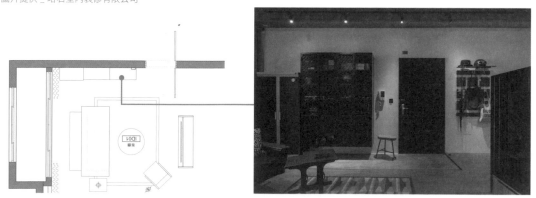

傢具的基本尺寸 01
鞋櫃深度約在 35 ～ 40 公分

鞋櫃深度通常配合鞋子尺寸，雖然男女生腳長不
同，但依照人體工學設計，尺寸一般不會超過 30
公分，因此鞋櫃基本深度 35 ～ 40 公分最為適當，
這樣即便是偏大的尺寸，也能完全收納。

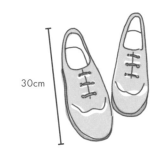

30cm

穿鞋椅降低高度方便使用

一般椅子高度約在 45 公分，為了便於使用者彎
腰穿鞋，穿鞋椅高度會略低於一般沙發的 40 ～
45 公分，落在 38 公分左右；深度無一定限制，
寬度可視玄關空間大小、需求做調整。

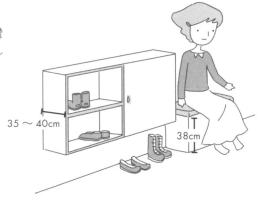

35 ～ 40cm

38cm

格局破解 01
採用穿透材質，延展視覺

小坪數玄關容易因為空間小加上高櫃而變得陰暗有壓迫感，此時可選
用具視覺穿透效果的材質，如玻璃、玻璃磚等，延伸視線化解狹隘感
受，且能順利導引光線，解決採光不足問題。

隔屏取代高櫃、隔牆，減少空間壓迫

以隔牆或者高櫃區隔出玄關，易讓原本就不夠寬敞的空間產生封閉感，
可改以隔屏取代高櫃及隔牆，並採用格柵等具穿透性設計，不只可明
確界定出玄關，同時也不影響整體空間的寬闊。

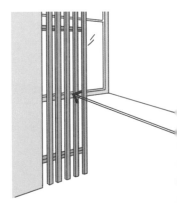

穿透視覺，空間不限縮

格局破解 02

地坪相異材質，明顯分界維持空間完整

若希望維持室內空間的開闊感，也可以利用不同的地坪材質做出區隔，卻不影響空間的完整與寬闊感，甚至還可以做出些微段差，讓內外分界更為明確。

攝影 _ 劉士誠

Point 2

客廳

傢具比例展現小坪數的大器感

從實際面來看，小坪數住宅的客廳多半不是用來待客，更重要的任務其實是起居生活的滿足。規劃上應更務實地考慮到動線流暢度、乘坐的舒適度，以及坐下來想看到的風景。因此，傢具尺度的合適與否就成為最重要的關鍵之一，不能過大，否則會阻礙走道空間，客廳看起來變得更小。

人體工學尺寸 01

觀賞電視的最佳高度和距離

由於人看電視時多半是坐著的，因此，觀看電視的高度取決於坐椅的高度與人的身高，一般人坐著時高度約為 110 ～ 115 公分，以此高度向下約 45 度角則可抓出電視的中心點，也就是電視中心點約在離地 80 公分左右的高度最適宜。

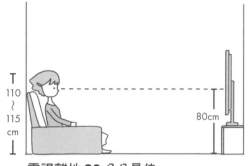

電視離地 80 公分最佳

觀看距離影響電視尺寸

電視固定方式建議採用牆面吊掛式最省空間，至於電視尺寸則依沙發與電視牆之間的距離而定，也就是用電視的吋數乘以 2.54 得到電視對角線長度，再以此數值乘 3 ～ 5 倍就是所需空間距離。例如 40 吋電視乘 2.54 得到 101.6 公分（對角線長），再乘 4 倍等於 406.4 公分，意即 40 吋電視應有約 4 公尺左右的觀賞距離。

40 吋電視的觀看距離為 406.4 公分

40 X 2.54＝101.6（對角線長）

101.6 X 4＝406.4（最佳觀看距離）

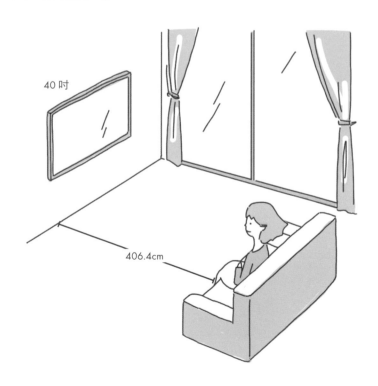

40 吋

406.4cm

人體工學尺寸 02
沙發高度比一般椅子較低

人體從膝蓋到腳底的高度差約為 45 ～ 50 公
分，但是通常乘坐沙發時會採較舒適、慵懶
的姿勢，所以沙發椅高度會較其它椅子再降
低些，從椅腳至坐墊處約落在 35 ～ 42 公分，
讓腳可以更輕鬆的擺放。

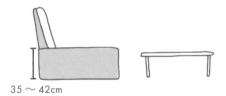

35 ～ 42cm

人體工學尺寸 03
茶几高度隨著沙發而定

茶几高度多落在 30 ～ 40 公分左右，選擇時要考慮與沙發作互動，比如若沙發較低者則茶几也要跟
著選較低的，反之較高沙發就可搭配較高的茶几，讓拿取時更舒適；另外，建議小空間可選擇較低的
茶几來減少壓迫感。

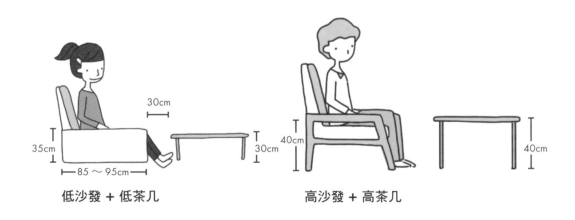

低沙發 + 低茶几　　　　　　　　高沙發 + 高茶几

人體工學尺寸 04

沙發、茶几和電視間的最佳距離

小坪數住宅可考慮捨棄大茶几擺設，改以邊几取代置物功能，這樣可保留更暢通的動線，但若習慣有茶几者需與沙發之間保留約 30 公分距離以方便取物，而茶几與電視間距也是動線，則要有 75 ～ 120 公分以上寬度，讓人可以輕鬆穿梭走動。

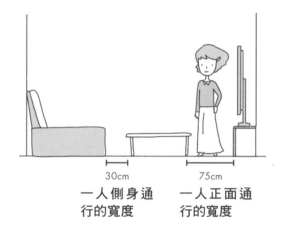

30cm

一人側身通行的寬度

75cm

一人正面通行的寬度

傢具的基本尺寸 01

主牆面與沙發的比例拿捏

沙發通常會依著客廳主牆而立，二者之間需有一定比例，一般主牆面寬多落在 4 ～ 5 公尺之間，最好不要小於 3 公尺，而對應的沙發與茶几相加總寬則可抓在主牆的 3/4 寬，也就是 4 公尺主牆可選擇約 2.5 公尺的沙發與 50 公分的邊几搭配使用。

4 ～ 5m

2.5m

從視覺截斷處計算比例

有時沙發背牆並不一定都是連續平面，也有因應格局而將沙發放在樓梯側面，此時的視覺就會被樓梯截斷，必須從截斷面開始計算比例。

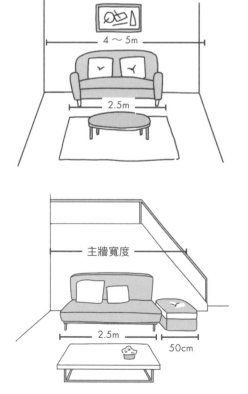

主牆寬度

2.5m

50cm

傢具的基本尺寸 02
依空間尺度選擇沙發

沙發寬度因單椅、二人座與三人座有所不同，也可以依現場寬度來訂作更長的沙發，尺寸從單椅 80 公分左右到三人座 300 公分以上均有。而影響舒適度的主要是深度，椅背厚度 20 ～ 30 公分不等，椅深約有 60 ～ 75 公分，整體深度約落在 80 ～ 105 公分左右。 另外，在空間深度較小的情況下，需考量到沙發、茶几的深度，應盡量縮減尺寸，避免佔據太多空間。

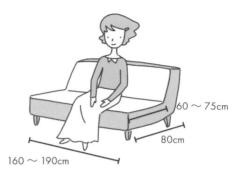

60 ～ 75cm
80cm
160 ～ 190cm

80 公分深的 2 人座沙發
佔據的空間最小。

105 公分深的 2 人座沙發
如喜歡盤腿坐可選擇較深的款式。

160 ～ 190cm
105cm

L 型沙發
L 型沙發多半為三人座以上，寬度至少 3.5 公尺，長邊為 130 ～ 150 公分左右。長邊一側也需預留走道，至少 60 公分才恰當。L 型沙發佔據的空間尺寸較多，需考量空間大小是否足夠。

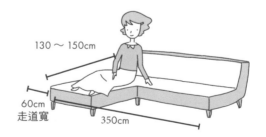

130 ～ 150cm
60cm
走道寬
350cm

空間深度至少需有 3.3 公尺

以深度 105 公分的沙發來計算，若加上 75 公分的走道和茶几，整體空間最少需有 3.3 公尺的深度，行走才不覺得窒礙。當然若選擇 80 公分深的沙發，相對釋放出空間給走道，舒適度自然提升。

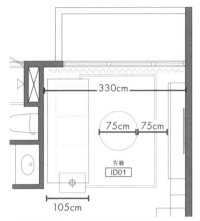

平面圖提供＿珞石室內裝修有限公司

傢具的基本尺寸 03
逐漸輕薄的視聽櫃

隨著視聽設備電子化、輕薄化，加上小空間分寸必爭的環境條件下，許多設備都漸漸改以壁掛式來節省空間。若仍需電器櫃者可採用系統櫃的概念來設計，一般櫃寬以 30、60、90 公分為單位，至於深度則約 45～60 公分，但若有玩家級視聽設備則要增加櫃深至 60 公分以上，以免較粗的音響線材沒地方擺放。

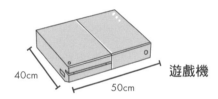

遊戲機

DVD

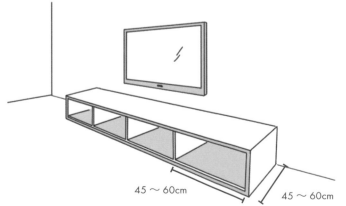

視聽櫃需至少 45 公分深度

在小空間中，視聽櫃多半會集中在電視機的下方或是側邊。除了機體本身的深度，也需考量散熱空間、電線的厚度以及未來更換的可能，因此多半設計 45 公分見方的空間。

常見配置 01
參考採光面配置傢具

因空間小、人口通常也簡單，小坪數客廳難以採傳統 3、2、1 或 3、2、2 的傢具配置，最常見為一字型或 L 型沙發為主軸，如不足可搭配腳凳來做彈性配置；至於茶几部分建議選擇方便移動的款式，讓空間利用更靈活。另外，採光是起居空間中關鍵要素，無論定位客廳面向或傢具配置都要先考量採光面，若有陽台則要注意動線，將主沙發避開陽台面形成出入不便；另外，電視位置也不可放在採光面，以免直視光線造成眼睛不適。

側光配置沙發

這是一般最常見的配置，與光線平行。

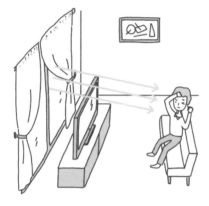

沙發正對落地窗

光線直射眼睛，容易造成不舒適。

沙發背向落地窗

沙發與落地窗之間需留出至少 60 公分寬的走道，才方便行走。建議落地窗需為封閉式、不可出入的。這是因為背對出入口，無法立刻察覺來者，容易產生不安，因此建議盡量避免此種配置。

一字型沙發，所需的牆面最短

若客廳為方形格局，可將沙發配置於大門斜對向，電視則與大門同側，這樣較容易掌握大門進出狀況，若空間許可還可立玄關屏風，避免開門直視沙發區。長方形格局則可將沙發放在長邊，而大門與沙發間可藉屏風隔出玄關，既為沙發提供屏障，也藉此調整長型格局。

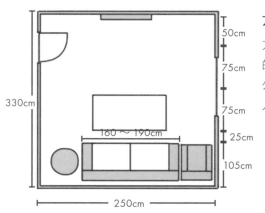

方形格局，牆面尺度被限縮

方形空間的深度和寬度都有所限制，建議以一字型的沙發為配置基準。2 人座沙發寬度為 160 ～ 190 公分左右，因此若牆面寬度小於 250 公分，選用 2 人座沙發為佳。

長形格局 + 一字型沙發

由於空間縱長拉寬，因此可將沙發放置長邊。若想採用 3 公尺的 3 人座沙發和 50 公分的一張茶几，至少需留出 3.5 公尺長為佳。並適時加上櫃體或屏風遮掩，避免入門容易被看見，讓空間保有隱密性。

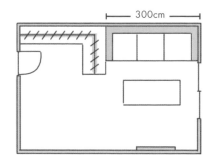

長形格局 +L 型沙發

常見的 L 型沙發多為三人座加二人座的形式，或是三人加單人轉角椅及腳凳的組合，無論那一種總面寬大約都要 3.5 公尺左右，因此，想配置 L 型沙發的客廳，主牆面寬最好大於 3.5 公尺，盡量在 4 公尺以上，以免感覺擁擠。

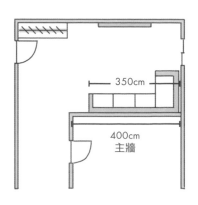

格局破解 01
找不到可用長牆面，怎麼辦？

小坪數住宅常遇到主牆面過短，導致沙發區看起來很侷促、感覺無
法放鬆，建議可將緊鄰的側牆改以鏡面材質做包覆，或是讓背牆改
用玻璃材質，甚至是開放設計等，可有效弱化實牆的壓迫感，同時
也能讓視覺有延伸的錯覺。

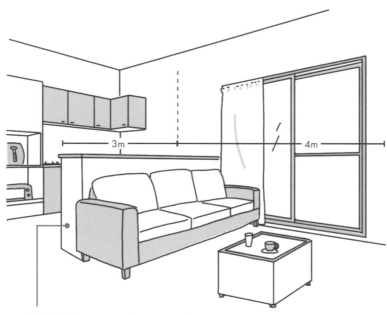

3m   4m

開放設計讓空間深度加深，避免注意
到沙發背牆過短的狀況。

格局破解 02
輕盈單椅作自由配置

捨棄傳統主沙發的配置，改以單椅的組合，例如依空間大小挑選可移式的單椅2～3張隨興擺放，可讓空間看起來更輕巧，還可以搭配腳凳來提升舒適度。

單椅能減少視覺厚重感

座楊取代沙發更省空間

直接放棄沙發的選項，沿著牆面規劃出座楊來取代，可省下沙發靠背的厚度空間；至於舒適度則可搭配人體工學的厚座墊，再依空間規劃出最適合的高度與寬度，同樣也能有不錯的效果。

圖片提供 _ 明代室內設計

五金設計 01
五金拉門，讓空間有如變魔術

客廳設計以舒適為主，五金的運用比起其他區域較少，倒是有利用五金拉門作屏蔽，將書桌區或廚房區納進客廳的設計，平日不用可完全關上保持客廳的簡潔，需要工作時再打開即可讓功能展現。

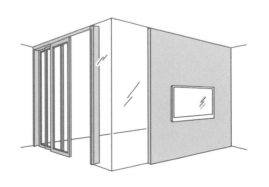

Point 3

餐 廚

餐廚合一的尺寸比例

餐廳和廚房,傳統觀念中不可或缺的居家配置,受現代居住環境不斷被壓縮的影響,它們的存在卻逐漸變成一種奢侈,加上現代人生活習慣變化,居家餐廚使用頻率下降,如何結合既有的餐廚機能,融入公共場域設計語彙,打造出不只能享受美食、更能與一家人共享「生活」的餐廚場景,是小坪數居家亟需好好面對的規劃重點。

人體工學尺寸 01

餐桌與牆面保留 70 ～ 80 公分間距

餐廳內主要陳設的傢具有餐桌、餐椅與餐櫃，如何讓用餐空間呈現舒適感，避免傢具「卡卡」是一門學問。首先要定位的是餐桌，無論是方桌或圓桌，餐桌與牆面間最少應保留 70 ～ 80 公分以上，讓拉開餐椅後人仍有充裕轉圜空間。

餐桌位於動線時，離牆應至少有 100 ～ 130 公分

餐桌與牆面間除保留椅子拉開的空間外，還要保留走道空間，必須以原本 70 公分再加上行走寬度約 60 公分，所以餐桌與牆面至少有一側的距離應保留約為 100 ～ 130 公分左右，以便於行走。

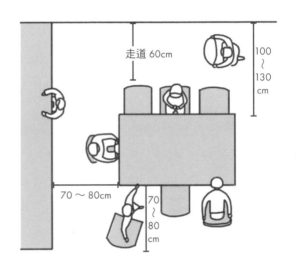

走道 60cm

100 ～ 130 cm

70 ～ 80cm

70 ～ 80 cm

人體工學尺寸 02

廚房走道維持 2 人共用，90 ～ 130 公分寬為佳

廚房走道的寬度建議維持在 90 ～ 130 公分，若為開放廚房，餐廳與廚房多採合併設計，餐桌（或中島桌）與料理檯面也需保持相同間距，可以讓二人錯肩而過，當料理檯面上的餐盤食物要放到餐桌時，只要轉身一個小踏步的距離，相當便利流暢。

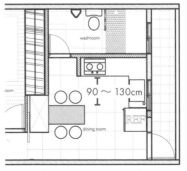

90 ～ 130cm

平面圖提供 _ 禾秬空間設計事務所

餐桌高度約在 **75** 公分

為了搭配格局，餐桌發展出圓桌、正方形與長方形，無論何種樣式桌高都落在 75 ～ 80 公分之間，可依自家屋高或餐椅樣式高低來選擇，若需要兼作書桌或咖啡桌則建議選擇較低款，約 75 公分以下可久坐較舒適。而為了配合餐桌，餐椅高度多落在 60 ～ 80 公分左右，其中椅腳高約 38 ～ 43 公分，座面寬約 45 ～ 48 公分，座深則約 48 ～ 50 公分。

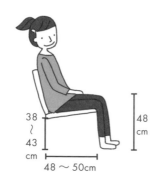

人體坐姿高度

一般坐著的高度計算是以膝蓋到腳底的平均高度而定，男性為 52 公分高、女性為 48 公分高，前後誤差 3 公分，扣掉膝蓋的厚度 5 ～ 8 公分，因此椅腳高度為 38 ～ 43 公分左右。另外，臀部面寬 33 公分，因此椅面寬度一定超過 35 公分。

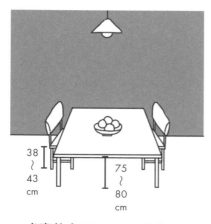

桌高約在 75 ～ 80 公分

使用扶手餐椅，**4** 人餐桌長度至少 **170** 公分

若想使用扶手餐椅，寬度若加上扶手則會更寬。所以在安排座位時二張餐椅間約需 85 公分以上的寬度，因此餐桌長度也需要更大。

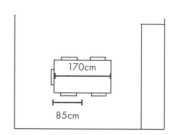

傢具基本尺寸 02

小坪數以 **2 ~ 4** 人餐桌為主

圓桌大小可依人數多寡來挑選，適用 2 人桌的直徑約 50 ~ 70 公分，四人座約 85 ~ 100 公分。正方形桌面單邊尺寸由 75 ~ 120 公分不等，至於長方形尺寸則是四人座長寬 120×75 公分，六人座長寬約 140×80 公分。小空間中建議以 2 ~ 4 人桌為主，最小方桌的尺寸可選擇 60 公分見方，且方形比圓形不佔空間。

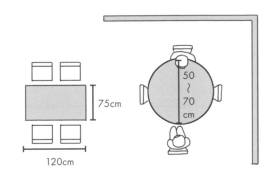

傢具基本尺寸 03

吧檯與中島

越來越多小家庭選擇以吧檯或中島取代正式餐桌，可當作廚房的延伸，也身兼劃分餐廚區域的要角。中島的基本高度與廚具相同落在 85 ~ 90 公分，若想結合吧檯形式則可增高到 110 公分左右，再搭配吧檯椅使用。

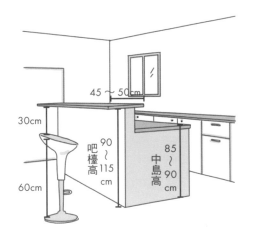

吧檯高度 **90 ~ 115** 公分

吧檯檯面高度一般約 90 ~ 115 公分不等，寬度則在 45 ~ 50 公分之間；吧檯椅應配合檯面高度來挑選，常見有 60 ~ 75 公分高，就人體工學角度較為舒適。

椅面與檯面間差距約 **30** 公分高

不論是餐桌還是中島，若想選擇適合的椅子高度，只要記住比桌面或檯面低 30 公分的原則就可以。

傢具基本尺寸 04
高餐櫃和低餐櫃

在餐廳中的櫥櫃源於實用功能，形式與尺寸都隨
機能而定，可分為展示櫃、餐邊櫃，另外，廚
房電器櫃也有移至餐廳內的趨勢。有些餐櫃尺寸
是以空間尺度量身訂作，而慣用餐邊櫃高度約
85 ～ 90 公分，展示櫃則可高達 200 公分以上，
至於深度多為 40 ～ 50 公分，收納大盤或筷類、
長杓時更方便。

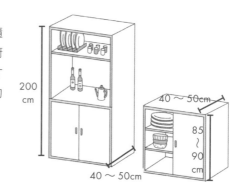

傢具基本尺寸 05
廚具高度依使用者身高微調

現今廚具廠商提供之標準廚具高度多在 80 ～ 90 公分（含檯面），可依使用者身高做調整。根據日
本厚生省統計，隨炒菜和清洗行為的主要工作部位差異（手肘和腰部），建議可讓瓦斯爐比水槽檯面
略低約 5 公分更符合使用，以身高 160 公分的使用者，最符合人體使用的檯面高度應是瓦斯爐檯面約
85 公分，水槽檯面 90 公分為佳，計算方式如下：

　　最符合手肘使用：瓦斯爐＝（身高／2）＋ 5 公分
　　最符合腰部使用：水槽檯面＝（身高／2）＋ 10 公分

備料區以 **75～90** 公分為佳

一般料理動線依序為水槽、備料區和爐具，中央的備
料區以 75 ～ 90 公分為佳，可依需求增加，但不建議
小於 45 公分較難以使用；注意爐具避免太靠牆面導
致影響使用，若有餘裕，或可預留約 40 公分平台便
於擺放備用鍋子。

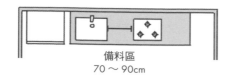

備料區
70 ～ 90cm

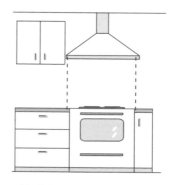

**抽油煙機的寬度需大於
瓦斯爐，以免油煙逸散**

依五金、家電制定尺寸

廚具受限既有五金、家電規格影響，尺寸變化有限，以流理檯面而言，多半需依照水槽和瓦斯爐深度而定，常見的深度為 60 ～ 70 公分。最常見於小坪數居家的一字型廚具，總寬度以 200cm 以上為佳；若為 L 型廚房則長邊不建議超過 280cm，否則容易導致動線過長影響了工作效率。

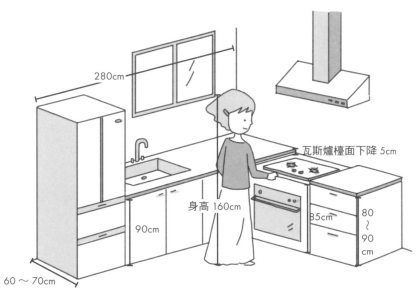

身高 **160** 公分的合宜廚具高度

吊式櫥櫃與抽油煙機整合設計

廚具上方的吊式櫥櫃常見尺寸為距離檯面約 60 ～ 70 公分，深度 45 公分以下，好拿取、不撞頭；此外，這類規劃也經常配合抽油煙機統一設計，視抽油煙機吸力強弱多在 75 公分以下，不影響使用，也讓整體視覺更為整潔。

常見配置 01

餐廳、廚房各自獨立

小坪數的餐廚空間近年面臨變革，隨著使用者的生活習性，餐廳常被合併入客廳或廚房，或者聯合廚房來放大餐廳成為起居生活的重心，這一趨勢也造成居家板塊的轉移，甚至讓餐廚區與客廳形成 1：1 的空間比例，儼然成為凝聚家庭情誼的中心點。

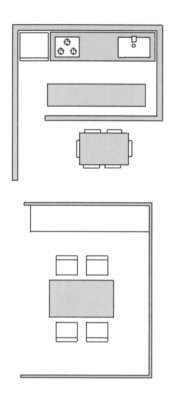

獨立餐廳

獨立餐廳可分長方形與正方形格局，長方形格局建議選用長桌，若空間小可讓餐桌緊靠單牆擺設來節省空間，但擺上餐桌椅後仍需留有約 60 公分的行走空間；至於正方形餐廳則不侷限何種餐桌形狀，但還是要留有行走動線。

常見配置 02

餐廚合一

餐廚合併的格局因省略隔間牆，加上彼此共用走道或工作動線而有更多利用空間。規劃上可將一字型料理檯與中島餐桌做平行配置，或是用 L 型料理檯與中島餐桌搭配，或者是料理檯搭配 T 型的吧檯與餐桌，餐廚形式主要是取決於空間格局、動線和料理習慣而定。

一字型餐廚

空間寬度足夠，深度不足的情況下。深度至少需有 295 公分。

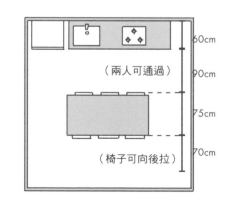

60cm

（兩人可通過）90cm

75cm

（椅子可向後拉）70cm

一字型餐廚，中島和餐桌合併

空間寬度足夠，深度不足且居住人數少的情況下。深度至少需有 280 公分。

一字型廚房加上中島，餐桌獨立

空間深度足夠的情形下，可讓中島、餐桌各自獨立，若餐桌與中島垂直的情況下，深度至少需有 390 公分。

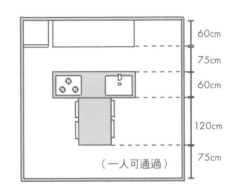

60cm
75cm（一人可通過）
75cm（椅子可向後拉）
70cm

60cm
75cm
60cm
120cm
75cm（一人可通過）

L 字型餐廚，餐桌獨立

空間寬度和深度至少都需在 295 公分左右。

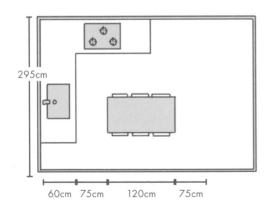

295cm

60cm　75cm　120cm　75cm

小坪數多設置一字型和 L 型的設計

以小坪數而言，多半為一字型和 l 型的廚具設計。一字型廚房來說，所需寬度為走道寬度 + 流理台深度，大約為 135 公分左右；若是ㄇ字型廚房，所需寬度為走道寬度 + 兩側流理台深度，而走道寬度又必須擴大到可 2 人同時使用，避免相互打到，空間寬度最好為 225 公分以上為佳。

60cm
105cm
60cm
攝影_劉士誠

格局破解 01
由生活習慣決定客餐合併或餐廚合一

為提升坪效,避免餐廳獨立存在。但餐廳究竟要與廚房結合,還是跟客廳在一起使用;合併後是將餐廳虛級化,以吧檯或茶几取而代之,抑或是讓餐廳放大,包容起居、工作與輕食料理的機能,這些都要在設計之前先做思考,由自己的生活習慣來決定格局。

沿窗設計咖啡座,取代餐桌

由於客廳茶几與餐桌的高度明顯不同,如何能讓客餐廳合併後,能有舒適的用餐空間,但形式上仍能保有輕鬆的客廳模式呢?不妨考慮咖啡吧檯的設計。咖啡吧檯高度約 75 ～ 80 公分,略低於餐桌,搭配座高約 40 公分的椅子,深度約做 60 公分左右,舒適度與實用性兼具。

格局破解 02
開放式中島取代餐桌設計

若空間真的不足,也常見直接以中島取代餐桌的設計,有效節省空間,也能充當廚房檯面的延伸,增加廚房的工作區。檯面高度可配合料理目的設至 85 ～ 90 公分,但須調高餐椅高度,或於餐桌位置切出高低差(餐桌 75 公分)以符合使用,也是常見手法。

圖片提供 _ 明代室內設計

中島略深，爭取收納空間

一般中島（含水槽）的基本深度約 60
公分，也可以嘗試適度增加其深度，
賦予廚房更多收納機能的同時，也能
讓部分空間提供外側餐廳或公共區域
使用，如：雜誌架或杯架等，增添收
納的靈活性。

加寬中島深度，多了收納

Part2
—
Point3

餐
廚
。
餐
廚
合
一
的
尺
寸
比
例

五金設計 01
可完全收納的餐桌設計，不佔空間

無論是利用下翻桌面或上掀桌板，藉由牆面與五金設計就可輕易架起一張好用的桌面，而且不需要時
可以完全收納不佔空間，是小坪數增加坪效的的最好幫手。

利用五金設計可延展的桌面

運用五金的設計，可輕易將原本的小桌面
像變魔術一樣變成二倍或三倍大，非常適
合原本單身或二人居住，但假日有親友來
訪時需要大桌面的屋主，讓空間不會被大
桌面卡住，生活尺度更寬敞、更靈活。

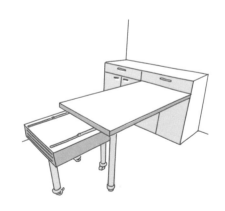

Point 4

臥 房

優先決定床位，其餘傢具再配置

相對於其他公共空間，臥房屬於個人隱密的區域，空間機能也與個人需求與使用習慣有關，因此應先決定床與衣櫃位置，確定衣櫃門板不會打到床，且可留出適當的行走空間後，其餘如床邊櫃、梳妝檯等傢具，就剩下的空間再做配置。

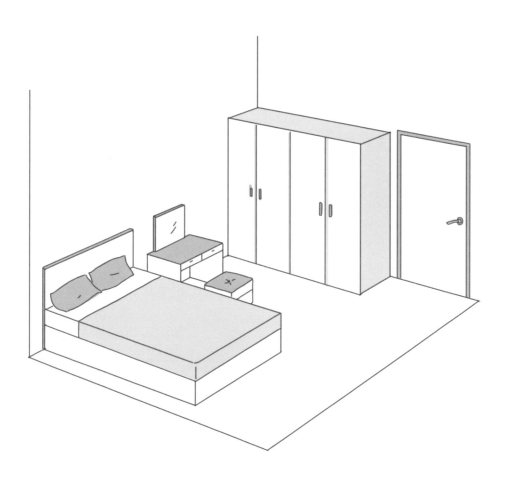

傢具基本尺寸 01
衣櫃深度至少 **60** 公分

一般成人的肩寬平均為 52 公分，以此推算衣櫃深度至少需要 60 公分，但若衣櫃門片為滑動式，則需將門片厚度及軌道計算進去，此時衣櫃深度應做至 70 公分較適當。而單扇門片約為 40 ～ 50cm 公分，整體衣櫃的最小寬度約在 100 公分左右。

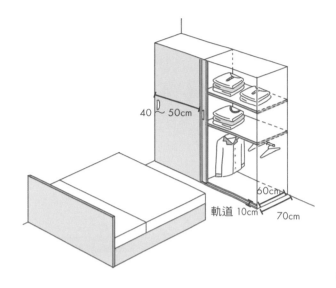

40 ～ 50cm

60cm

軌道 10cm   70cm

需留衣櫃開門與行走空間

衣櫃深度需 60 公分，衣櫃打開不打到床，因此之間的走道需留至 45 ～ 65 公分；若是一人拿衣服，後方可讓一人走動，則需留至 60 ～ 80 公分。

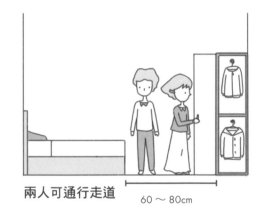

兩人可通行走道   60 ～ 80cm

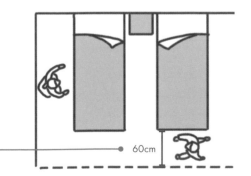

60cm

單人走道至少需留出 60 公分寬。

傢具基本尺寸 02

櫃體 90 ～ 110 公分可減少彎腰動作

臥房經常配置的五斗櫃,建議高度可選擇約在 90 ～ 110 公分為佳,這樣在取放物品時,才不需要經常做彎腰的動作。

電視斗櫃高度 80 ～ 90 公分最適合

臥房通常會搭配五斗櫃增加收納,有時為了節省空間,會將電視放置在五斗櫃上,若有此一需求,最好選擇 80 ～ 90 公分高度的櫃體為佳,以免過低、過高影響躺在床上觀看的舒適性。

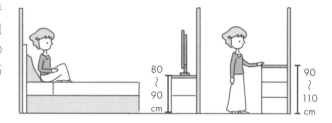

常見配置 01

床居中擺放

床是臥房最主要傢具,空間大小影響選用的床的大小,首先應先決定床的位置,位置決定之後,櫥櫃擺放位置應與床鋪有適當距離,一般單人床尺寸(寬×長)為 106×188 公分、 雙人床 152×188 公分、Queen size 182×188 公分、King size 180×213 公分,以此可推算出適合臥房的尺寸,但若真的想擺大床,可從減少如床邊櫃、梳妝檯的配置,挪出多餘空間使用。

將床擺放在中間的配置方式,常見於空間較大的主臥,位置確定後,先就床的側邊與床尾剩餘空間寬度,決定衣櫃擺放位置,若兩邊寬度足夠,則要注意側邊牆面寬度若不足,可能要犧牲床頭櫃等配置,床尾剩餘空間若不夠寬敞,容易因高櫃產生壓迫感。

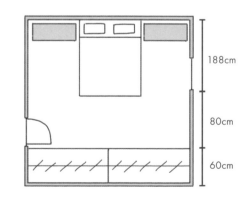

常見配置 02

床靠牆擺放

空間較小的臥房，為避免空間浪費，通常選擇將
床靠牆擺放，床尾剩餘空間（包含走道空間），
通常不足以擺放衣櫃，因此衣櫃多安排在床的側
邊位置，且在空間允許下，會將較不佔空間的書
桌、梳妝檯移至床尾處，或擺放開放式櫥櫃，藉
此善用空間也增加臥房機能。

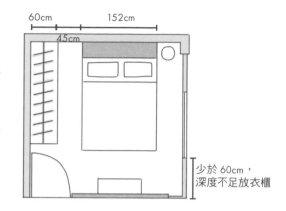

60cm　152cm
45cm

少於 60cm，
深度不足放衣櫃

格局破解 01

善用床頭床尾上方空間，縮減空間縱深

若是空間縱深或寬度不足，只擺得下一張床鋪的情況下，不如利用垂直空間，讓櫃體懸浮於床頭或床
尾的上方。一般床組多會預留床頭櫃空間，或者有人忌諱壓樑問題而將床往前挪移，在缺乏擺放衣櫥
空間，或者收納不足時，便可利用床頭櫃上方空間，打造收納櫥櫃，解決收納需求。

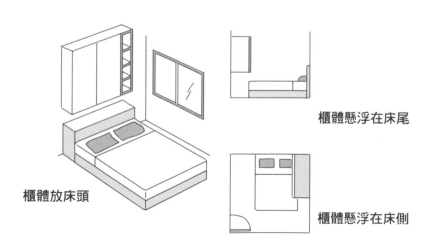

櫃體懸浮在床尾

櫃體放床頭

櫃體懸浮在床側

Point 5

衛 浴

首重馬桶和洗手檯位置

衛浴空間可分成乾濕區兩大部分來思考,一是洗手檯和馬桶的乾區,二是淋浴空間或浴缸的濕區。洗手檯和馬桶最為重要,因此優先需決定,剩餘的空間再留給濕區。淋浴空間所需的尺度較小,若是在小坪數的空間建議以淋浴取代浴缸,甚至空間再更小點,可考慮將洗手檯外移,洗浴能更為舒適。

洗手檯高度約在 65 ～ 80 公分

洗手檯本身的尺寸約在 48 ～ 62 公分見方，兩側各再加上 15 公分的使用空間，這是因為在盥洗時，手臂會張開，若是將臉盆靠左或靠右貼牆放置，使用上會感到侷促，因此左右須預留張開手臂寬度的位置。洗手檯離地的高度則是約在 65 ～ 80 公分，盡量可做高一些，可減緩彎腰過低的情形，而家中若有小孩或長者，則以小孩和長者的高度為依據，避免過高難以使用。

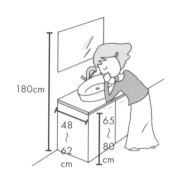

鏡子高度需和人的視線等高

為了讓空間有效利用，可選用具有雙重用途的鏡櫃，強化收納機能。而鏡子的高度需和人的視線一樣高，多半會在 160 ～ 180 公分之間，這個高度同時也是手拿取櫃內物品也輕鬆的高度。

裝設鏡櫃需考量洗手檯深度

若要使用鏡櫃，須注意手碰到鏡櫃的深度是否會太遠。這是因為在人和鏡櫃之間會有洗手檯，若是洗手檯深度為 60 公分，且鏡櫃內嵌於壁面中，洗手檯深度加上 15 公分的鏡櫃深度，手伸進去拿物品的距離就有 75 公分，身體必須前傾才能拿到。若是小孩或長者，則更加困難。一般建議手碰到鏡櫃內部的深度為 45 ～ 60 公分之內。

鏡櫃內嵌　　　　　　　鏡櫃外凸

人體工學尺寸 02

洗手檯後方需留一人通行，約 **80** 公分

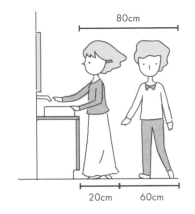

衛浴空間若是增加兩個洗手檯，就必須考慮到會有多人同時進出盥洗的情形，一般來說一人側面寬度約在 20 ～ 25 公分，一人肩寬為 52 公分，若要走得舒適，走道需留 60 公分寬。因此是一人在盥洗，一人要從後方經過，洗手檯後方需留至少 80 公分寬以上（20+60），才最適合。

人體工學尺寸 03

馬桶前方留出 **60** 公分空間最重要

馬桶尺寸面寬大概在 45 ～ 55 公分，深度為 70 公分左右。由於行動模式會是走到馬桶前轉身坐下，因此馬桶前方需至少留出 60 公分的迴旋空間，且馬桶兩側也需各留出 15 ～ 20 公分的空間，起身才不覺得擁擠。

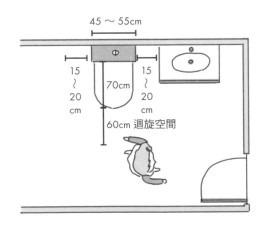

人體工學尺寸 04

淋浴區 **90** 公分見方，浴缸則需 **167** 公分長才能放置

淋浴區為一人進入的四方空間，一般人的肩寬為 52 公分，需考量洗浴時手臂會伸張，可能會有彎腰、蹲下的情形，前後深度也需一併考量，因此最小淋浴空間為 90×90 公分，可再擴大至 110×110 公分，但長寬建議不超過 120 公分，會感到有點空曠。而浴缸本身尺寸約在 167 公分長，65 ～ 70 公分寬，因此若要配置浴缸，需考量空間長度是否足夠。

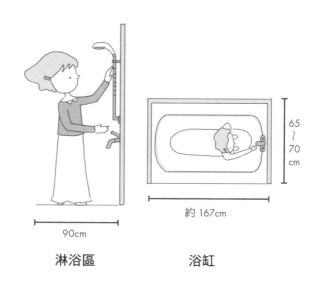

65
～
70
cm

約 167cm

90cm

淋浴區　　　　　　浴缸

淋浴間開門需留迴旋空間

若是淋浴區門口採用向外開門的方式，需注意一面門扇寬度約為 60 公分以上，因此淋浴區出口前方需留出至少 60 公分的迴旋空間，且需避免開門打到馬桶。

60cm

常見配置 01
馬桶、洗手檯和淋浴區並排
在決定衛浴設備的配置時，多半會以乾、濕區分開思考，馬桶和洗手檯位置一起考量，接著再考慮淋浴區或浴缸，一般馬桶和洗手檯會配置在離門口近一點的位置。

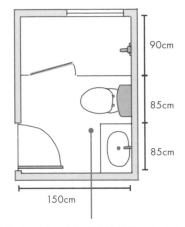

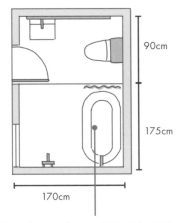

在長形的空間中，尺度足夠的關係，從門口開始配置洗手檯、馬桶和淋浴區，採用並列的方式。

若空間寬度足夠，可以將浴缸和淋浴區配置在一起。

常見配置 02
馬桶和洗手檯相對
在方形空間，由於空間深度和寬度尺度相同，馬桶、洗手檯和濕區無法並排，因此馬桶和洗手檯必須相對或呈 L 型配置，縮減使用長度。

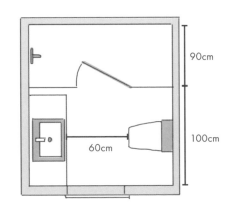

格局破解 01

淋浴區設在過道

若是衛浴空間坪數過小，僅能放得下馬桶和
洗手檯，可作為客浴使用。若還有洗浴的需
求，則可利用馬桶前方的過道作為濕區，但
此種的配置方式無法徹底區分乾濕區。

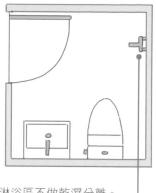

淋浴區不做乾濕分離。

格局破解 02

洗手檯外移

若空間過於狹小，可考慮將洗手
檯外移，保留馬桶和淋浴區或浴
缸空間。

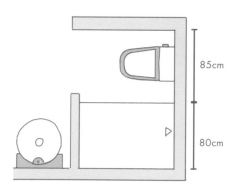

85cm

80cm

洗手檯外移

圖片提供 _ 明樓室內裝修設計有限公司

淋浴區向外挪，呈 T 字格局

Point 6

複層空間

準確拿捏高度分配

在平面空間有限的情況下，若想擴張居家的使用面積就須從立面空間做打算，此時，複層設計就成為了居家規劃的常見選擇，但執行起來卻非如此簡單。除了考慮整體空間高度的舒適性，動線的流暢、覆蓋面積大小和複層空間機能定義等，都是複層設計的重要思考元素，稍微拿捏不當反易使空間變得更加壓迫難用，不得不慎。

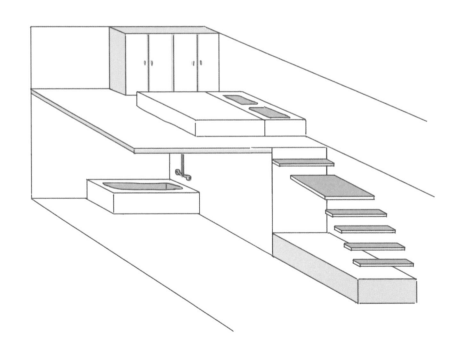

空間基本尺寸 01

空間高度以 4 米 2 最佳

現代常見的複層設計中,建議樓高以 4 米 2
(或以上)最佳,扣除常見樓板厚度 10 公分、
燈具管線 10 公分,上下樓層仍可各獲約 200
公分高度,確保足夠高度讓一位成人自然站
立,較不影響空間的舒適性。其次為樓高 3
米 6,若樓高僅有 3 米 2 則較難使用,非不
得已不建議做複層規劃。

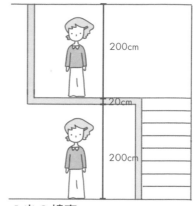

4 米 2 樓高

樓高不足,優先考量下層空間

若空間條件不得已,建議以下層空間的高度
為優先考量,上層被迫無法站立,充當臨時
客房或儲藏使用為佳。若樓高 3 米 6 而言,
下層樓高建議留出 200 公分,上層高度為
140 公分,因為人體坐高 88 ~ 92 公分,再
加上床墊的厚度約 12 ~ 20 公分,坐於床
上最高約 112 公分,尚有餘裕。

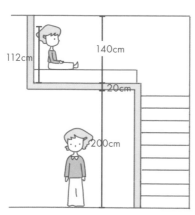

3 米 6 樓高

圖片提供 _ 明樓室內裝修設計有限公司

空間基本尺寸 02

覆蓋面積最少 **6.25m²**

大部分複層設計的上層空間會規劃成
臥房、書房或儲藏空間，下層則常見
為餐廚區或衛浴空間。以臥房為例，
標準雙人床尺寸約 152×190 公分，通
行走道間距 60 ～ 80 公分，建議覆蓋
面積最少 250×250 公分，約 1.89 坪
（6.25m²）。

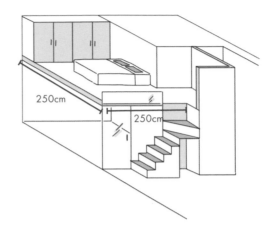

空間基本尺寸 03

依空間條件，樓梯寬度可略縮

一般樓梯的樓梯傾斜角度通常抓 20 ～ 45 度之間，
以 30 度最佳。尺寸部分，依照法規，踏階深度需為
24 公分以上，含前後交錯區各 2 公分，踏階高度則
是在 20 公分以下。以實際踩踏的感受來説，踏階高
度落在 16 ～ 18.5 公分最佳。另外，整體的樓梯寬度
約 110 ～ 140 公分，可容納 2 人錯身行走，但因應
小坪數空間面寬有限，經常會再縮減寬度，並適度
省下把手設計或以簡單吊筋等五金做替代。

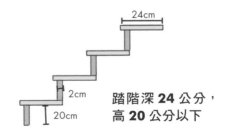

110 ～ 140cm　　**樓梯角度應為 30 度**

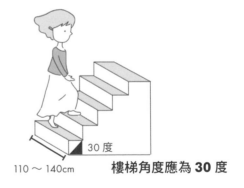

踏階深 **24** 公分，
高 **20** 公分以下

常見配置 01

樓梯做靠牆，空間分割單純化

隨著樓高條件的不同，複層設計可做變化也會有所差異；此外，連貫上下樓層的樓梯更是這類型設計不可或缺的要素，除了考慮行走的舒適性和視覺美感，它也左右著居家整體動線的流暢性，甚至成為空間的主導，創造豐富而多元的生活樣貌。

盡量將樓梯規劃在空間的最邊側，留給主要生活空間最完整而寬敞的使用場域，上層空間的呈現同樣趨向簡單，整體多採取開放設計不做多餘切割，常見配置如臥房、書房、儲藏空間等，若區域面積較大亦可整合複合機能使用。

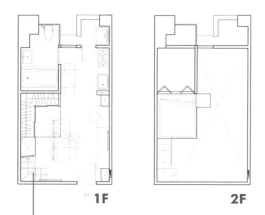

1F　　　　　**2F**

平面圖提供 _ 明樓室內裝修設計有限公司

圖片提供 _ 明樓室內裝修設計有限公司

常見配置 02
樓梯置中，劃分使用區域和動線

藉由樓梯的設置為空間做區域劃分，主要可分為兩種形式，一是於樓梯置於空間中央，進行分道將上層空間切割出 2 個以上的完整區塊，分別作為不同機能使用；第二種則藉由樓梯結合牆面或櫃體充當隔間，制訂上層區域範圍，同步下層空間做區隔。

平面圖提供 _ 瓦悅設計

圖片提供 _ 瓦悅設計

常見配置 03
錯層設計打造更多元使用機能

運用錯層的手法更細微地分配不同區域的合宜高度，設計的複雜性較高，但若拿捏得當可以有效減緩夾層帶來的壓迫感，也替代了一面面隔間牆打開空間尺度，增添生活的趣味性與視覺的活潑感。

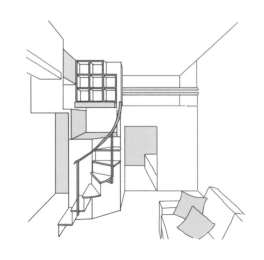

放大設計 01
通透多元的圍欄設計

基於安全考量，複層空間的邊緣多
會規畫一座牆或圍欄做保護。這時
可選用清透的玻璃材質保持視線開
闊感，或規劃簡易平台替代一般欄
杆，結合書桌設計賦予多元機能，
都是常見又好用的方案。書桌標準
深度約 60 公分，可視需求縮減。

圖片提供 _ 明樓室內裝修設計有限公司

放大設計 02
結合樓梯與收納的複合機能

雖然空間有限，居家的收納需求仍
是不可忽略，將連貫上下樓層的樓
梯結合櫃體做設計，同時滿足動線
和收納需求，常見形式包含抽屜、
開放櫃、電視牆、書櫃、餐櫃等，
端看樓梯位置與空間需求而定。

圖片提供 _ 瓦悅設計

PART 3

好拿好收的尺寸解析

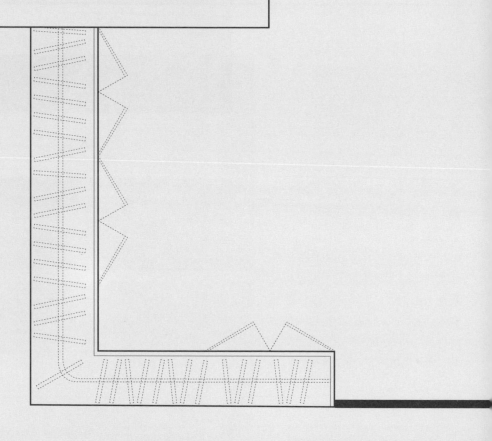

Point 1

鞋 櫃

收得多又不佔空間

受限於空間不足，小坪數玄關的收納功能，通常需將其整合並集中於一個櫃體，因此關於櫃體的擺放位置、尺度的拿捏，甚至結合五金，都要經過仔細規劃設計，才能將小空間發揮極致，滿足所有收納需求。

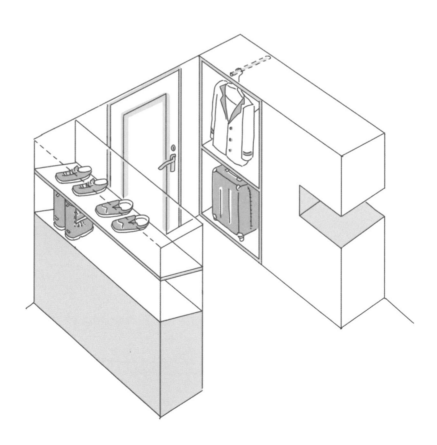

鞋櫃深度約在 35 ～ 40 公分

男女鞋大小不同，但一般來説，尺寸不會超過 30 公分，因此鞋櫃內的深度一般為 35 ～ 40 公分，讓大鞋子也能放得剛好，但若要把鞋盒也放進鞋櫃深度至少 40 公分，建議在訂作或購買鞋櫃前，先測量好自己與家人的鞋盒尺寸做為依據。

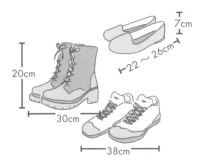

高度比鞋子高一點才好拿

鞋櫃內鞋子的置放方式有直插、置平、斜擺等方式，不同方式會使櫃內的深度與高度有所改變，而在鞋櫃的長度上，以一層要能放 2 ～ 3 雙鞋為主，千萬不要出現只能放半雙（也就是一隻鞋）的空間，這樣的設計是最糟糕的設計。

增加收納機能，櫃體深度至少需 40 公分

鞋櫃除了擺放鞋子，亦會規劃收納吸塵器、手推車、吊掛衣物等機能，此時櫃體深度至少須 40 公分以上；而為了配合鞋櫃深度（40 公分），衣物收納可改為正面吊掛方式，此時其面寬則不能低於 60 公分。

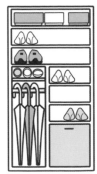

櫃體尺寸設計 02

櫃體不落地，視覺輕盈又多出收納空間

落地高櫃容易讓人感到壓迫，因此鞋櫃可採懸空設計，視覺看起來比較輕盈不壓迫，懸空高度建議可落在 20 公分左右，不只可擺放常穿的便鞋或室內拖鞋，也不妨礙掃地機使用。

20cm

圖片提供 _ 珞石室內裝修有限公司

尺寸破解 01

層板斜放設計，深度 25 公分就能收

玄關深度若不足，無法放入 35 公分深的鞋櫃，可採用斜層板設計，以斜放的方式收納，即便是 25 公分深的鞋櫃也能確實收納鞋子，建議可加上擋板，以防止鞋子掉落。

25cm

尺寸破解 02

機能結合，共享櫃體深度

小坪數玄關經常因為空間過小，導致鞋櫃空間不足，此
時可結合多種機能，如：電視櫃牆、隔間牆等，利用結
合櫃體共享內部空間，巧妙解決鞋櫃空間不足的問題。

攝影_劉士誠

五金設計 01

旋轉五金和雙層鞋架，收納量變兩倍

若鞋櫃受限於空間，卻又希望增加鞋櫃收納量時，此時可在鞋櫃內部加入靈活的旋轉鞋架，不只有效
增加收納量，解決櫃體過深或過淺的問題，拿取時也更為便利。若深度足夠，可採用雙層鞋架設計，
不只可以大大增加鞋子收納數量，且由於鞋架可左右滑動，拿取收納鞋子時也相當方便。

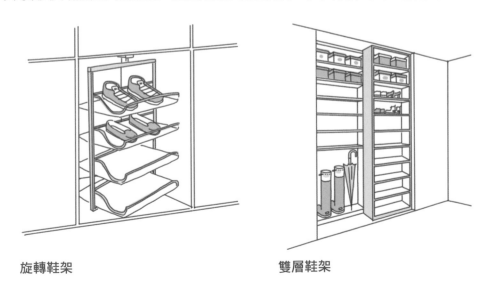

旋轉鞋架　　　　　　　　　　　　　　**雙層鞋架**

懸空與鏡面反射，舒緩迎面壓迫感

狹窄的空間要再置入鞋櫃難免覺得壓迫，因此以抿石子打造玄關入口，
利用令人眼睛為之一亮的另類材質，轉移玄關窄小的焦點。鞋櫃本身
亦利用櫃體中段置物櫃，以鏡面反射放大空間感。

櫃體尺寸／鞋櫃深度達 40 公
分，並利用鞋櫃中段 35 公分
高的置物櫃區分功能，上櫃置
納鞋盒，下櫃可收納常用的外
出鞋與室內拖。

櫃體設計／鞋櫃下段鏤空高
度 25 公分，加上鞋櫃中段置
物櫃以茶鏡襯底，藉由懸空
與鏡面反射效果，舒緩進門
即面對整面鞋櫃的壓迫感。

圖片提供＿雲司國際設計

系統板材隱藏鞋櫃、儲物櫃

一進玄關右側即面臨一根結構柱，設計師巧妙利用系統櫃板材包覆，不但修飾了柱體，面向玄關的地方更創造出鞋櫃，左側突出部分則是融入換季家電收納的儲物櫃，讓櫃體消失於無形，也減少空間線條的干擾。

圖片提供 _ 六十八室內設計

格局尺度／在玄關與餐廳之間，以格柵與鞋櫃為屏隔，空間掩蔽與通透雙效合一。

櫃體設計／採取無把手設計，線條簡化，並選用與地板相同木紋材質貼木皮，離地板 15 公分，創造懸空感。

櫃體尺寸／因是完全活動式的鞋櫃，鞋櫃高度僅 120 公分，可容納 36 雙鞋的容量，以便於日後需求增大時，可直接更換鞋櫃。鞋櫃高 120 公分、寬 85 公分、深 40 公分。

系統訂製滿足大容量收納

玄關空間過於狹隘不適合安排高櫃，選擇將高櫃規劃在進門動線轉折牆面，並利用矮櫃串聯變化櫃體設計，且藉由高矮櫃體互相搭配，巧妙依使用需求做出分區收納，滿足收納需求也解決空間不足問題。

櫃體尺寸／採用系統櫃訂製高櫃，材質選用白橡木，並懸空 20 公分，以此營造輕盈感。高櫃高 232 公分、寬 134 公分、深 40 公分。矮櫃高 100 公分、寬 128 公分、深 25 公分和 42 公分。

櫃體設計／利用矮櫃與高櫃互相搭配，滿足各種收納需求，並刻意以深淺木色做出視覺變化，櫃體懸空下方可擺放室內拖鞋，同時也方便屋主使用掃地機。

圖片提供 _ 珞石室內裝修有限公司

圖片提供 _ 珞石室內裝修有限公司

黑白極簡低彩度，虛實設計修飾柱體

從玄關進入，藉由玄關的鞋櫃軸線，將視線平行牽引到窗檯，完全沒有浪費一絲採光效能，同時從一進門即以黑白配定調的低彩度室內色調，減少分散視覺焦點的物件，並以地坪材質劃分玄關鞋櫃與客廳之間的空間介面。

圖片提供 _ 六十八室內設計

櫃體尺寸／鞋櫃寬度達 157 公分，白色櫃體搭配極簡線條，結合虛實設計，修飾寬 80 公分柱體的存在。寬 157 公分、深 37 公分。

櫃體設計／利用鞋櫃旁的對講機位置，配置固定式的穿鞋椅，櫃體懸空並予穿鞋椅重疊，可讓穿鞋椅的人放置包包。高 45 公分、深 37 公分。

格局尺度／玄關使用黑色霧面拋光石英磚，與客廳形成空間區分。玄關深度160 公分、寬度 240 公分。

鏡面鬆綁束縛感

玄關空間雖不小，但因沒有對外窗、加上廊式格局顯得有點侷促。為此，除先在左側以成排高櫃來增加收納量外，右牆則在視覺高度處以寬幅鏡面，搭配錯落輕盈的造型櫃來創造寬敞空間感。

格局尺度／在右牆除有鏡面延伸視覺外，天花板處也細膩地加設間接光源，減緩天花板的壓迫感、也可增加空間亮度。

櫃體設計／左側牆櫃的收納量相當可觀，且櫃內因應牆面畸零不平，將櫃深設計為前段 30 公分與後段 15 公分兩種深度，讓屋主依厚度來分類收納。

圖片提供 _ 明代室內設計

整合收納機能與北歐風基本元素

玄關牆面以文化石鋪陳，一路延伸至客廳，端景處的展示櫃界定領域段落，加上懸空設計，藉以化解整面櫃體沉重的壓迫感；電視主牆同樣選擇暖色系，溫暖氣息一氣呵成。

圖片提供＿雲司國際設計

櫃體尺寸／電視主牆揮灑優雅的灰綠色調，搭襯天然木皮板與自然日光，加上電視牆上隨性錯落的展示櫃，展現活潑不拘形式的一面。電視牆高度 220 公分（不含矮櫃，矮櫃高度 20 公分、寬度 238 公分）。

櫃體尺寸／懸掛櫃體不僅結合鞋櫃與機櫃，更可藏入可彈性收放的餐桌（120×90 公分），使得廊道空間與餐廳靈活轉換定位。鞋櫃高 220 公分、深 158 公分。

移動式穿鞋椅，精準對應玄關動線

在大門與後陽台側門之間精準利用僅有長度 110 公分、寬度 34 公分的牆壁空間，玄關以加入實木皮櫃體完整收納功能，將移動式穿鞋椅結合鏤空櫃體，絲毫不影響行進動線。

格局尺度／鞋櫃位置靠近門把處一側，開放式置物櫃拿取鑰匙最順手，置物櫃內燈照明也可發揮玄關燈作用。

櫃體設計／從鞋櫃本體延伸的伸縮式穿鞋椅設定高度 40 公分，活動式的穿鞋椅不影響陽台動線進出。穿鞋椅長 95 公分。

圖片提供 _ 六十八室內設計

櫃體分區收納方便使用

由於沒有明顯區隔出玄關空間，因此鞋櫃沿著鄰近大門的牆面打造大型櫃體，櫃體採分區收納，除了主要收納鞋子以外，另外將櫃子上半部空間，用來吊掛外出常穿的外套、衣服，採正面吊掛方式，即便深度只有 45 公分，空間也很足夠。

圖片提供 _ 福研設計

櫃體尺寸／深度齊樑柱，若有深度不足問題，則以改變收納方式因應。鞋櫃高 235 公分、寬 120 公分、深 45 公分

櫃體設計／大型櫃體深度刻意齊牆，並採用隱形把手設計，讓櫃面線條更為俐落，無形中也淡化櫃體存在感。

機能整合，滿足多重需求

小坪數空間中，鞋櫃通常需兼具多種收納機能，因此在入口齊牆面規劃大型櫃體，除了收納鞋子外，部分空間搭配現成收納盒規劃成收納生活雜物使用。櫃體離地懸空 25 ～ 30 公分，可營造輕盈感，懸空下方也可擺放拖鞋或常穿的鞋子。

圖片提供＿十一日晴設計

櫃體尺寸／櫃高不做到頂，是為了避免小空間產生壓迫感，並留出開窗空間，將光線順利引入臥房。高 156 公分、寬 250 公分、深 40 公分。

櫃體設計／將大門右側樑柱包至 40 公分與櫃體齊平，並藉此維持櫃體表面平整，門片並以留溝縫隱形把手設計，營造視覺上的乾淨俐落。

不只鞋櫃，還擴增神明桌

從鞋櫃到電視牆採用相同的淺色木皮統整質感，營造出一致性的空間視覺。牆面納入實用的鞋櫃設計，連神明桌也規劃在其中節省空間。櫃體刻意延伸置頂，使家中大小雜物收整於無形之中。

格局尺度／由於為長形格局，整體空間寬度較短，約莫 300 公分，因此將鞋櫃配置於入門左側，並全數鋪滿置頂，形成連續立面不讓視覺遮斷。

櫃體設計／櫃門採用無把手的拍拍手五金，展現平整俐落的視覺效果。雙開門的設計，整體約莫 90 公分的寬度，收納量倍增。

攝影 _ 劉士誠 空間設計 _ 禾林空間設計事務所

Point 2

電 視 櫃
& 臥 榻

滿足設備和儲物功能

客廳因執掌休息、娛樂及聯繫情誼等功能,常有許多視聽設備,如何妥善收納、又能兼具舒適美觀,設計關鍵就在視聽櫃。傳統視聽櫃多與電視牆結合規劃,但隨著設備輕薄化,電視多半直接吊掛牆面,視聽櫃也跟著縮小,可整合到邊櫃即可,甚至搭配遙控設備可將視聽櫃移至他處,讓客廳更顯乾淨紓壓。

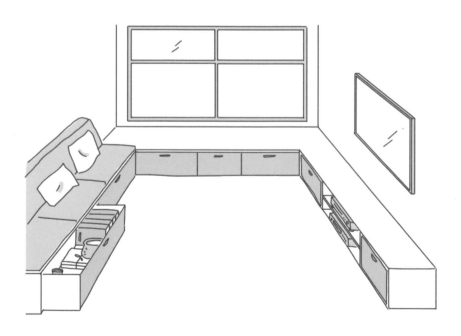

電視櫃以視聽設備尺寸為基準

電視櫃除了有收納視聽設備的功能外，也需要收納展示品、書本，甚至是生活用品雜貨。在物品尺寸眾多的條件下，多半以最大的尺寸來評估，一般以視聽設備為基準，機體有散熱與管線的問題，因此櫃體至少需有 45 ～ 50 公分見方。而展示品和生活雜物則再依據所需尺寸而分割櫃內空間。

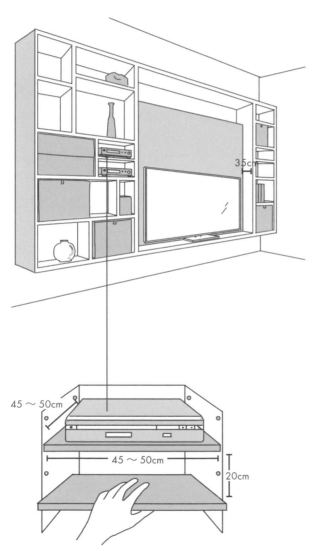

電視機擺放在櫃面上需 **35** 公分深

電視機若是吊掛於牆面，一般 20 公分深即可。若是置放於櫃面上，則不要低於 35 公分深度。

層板建議作活動式

層板高度需視選購設備的尺寸而定，若無法事先知道確實規格，則可以通用 20 公分為單位抓出櫃內層板高度，但建議做成活動式層板，日後要換設備也沒問題。

櫃體尺寸設計 02

依照身高區分可以站著操作的高度

傳統視聽櫃多採落地式,但家中有長輩或幼童,視聽櫃建議規劃在可以
直接站著操作的高度,大約離地面 100 公分以上,一來避免長輩因久蹲
造成不適及增加操控難度,再者小孩也不容易因好奇誤觸設備。

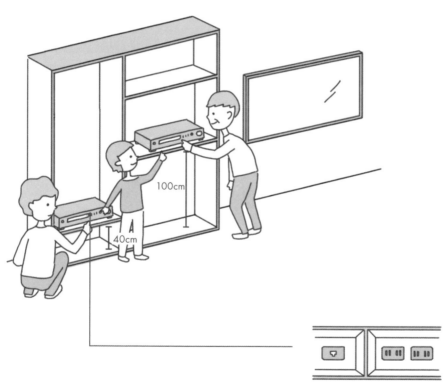

注意線材配管、預留網路線與插座

視聽櫃與其它櫃體最大不同在於須注意電路安排,尤
其線材配管應事先規劃路徑,避免之後有尷尬的明管
出現;另外,因應現代 3C 設備的趨勢,櫃內的網路
線與插座數量都須預留備足。

櫃體尺寸設計 03

善用高處設吊櫃，深度 20 ～ 45 公分不等

小客廳如何增加更多收納與風格美感呢？向上發展的吊櫃是不錯的點子。常見電視牆面左右及上方，或是沙發背牆上半段，這些地方都可利用吊櫃或層板設計來增加機能，但要注意避免量體過大造成壓迫。電視牆面的吊櫃在設計上不能只考慮收納量，同時要注意風格美學，可能搭配層板、開放櫃或玻璃門片等設計，盡量讓畫面輕盈無壓力。

若架設吊櫃的主要用途是作為收納雜物，深度最好落在 40 ～ 45 公分之間，在收納物品時比較好用、不受限。若是吊櫃設在沙發背牆上方，則櫃子最低點應不低於 160 ～ 180 公分，這樣才不容易有壓迫感。

40 公分深的吊櫃，搭配後背沙發

沙發背牆上端的吊櫃，如果深度達 40 公分左右，此時沙發最好挑選靠背較厚的款式，約 30 公分的靠背加上起身為前傾動作，就可確保站起來時不會撞到櫃子，若靠背不夠厚，也可增加抱枕來補足，避免吊櫃造成的壓力。

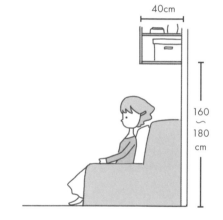

20 公分深的吊櫃或層板，注意高度即可

展示品、書本等物品，尺寸較小，可選用層板或 20 公分淺吊櫃即可，從沙發站起時也不會容易撞到。

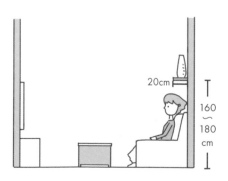

櫃體尺寸設計 04

空間深度不夠，座榻取代沙發

座榻多是量身訂作的，因此尺寸相當靈活，若考量乘坐舒適、同時兼顧收納機能的話，高度以 35～45 公分均可，深度則 60 公分為宜；寬度則無限制，可依現場環境及屋主需求決定。另外，窗戶高度會影響戶外的景觀，也是座榻設計的考量條件之一。

臥榻與座榻用途頗類似，設計上最大差異在於深度，舒適與否與深度有著緊密關係。臥榻通常要能讓一人躺下，臥榻寬至少要有容納肩寬約 60 公分；若要能舒適些則可到 90 公分，約為一張單人床寬度。

沙發厚度佔據空間

跟臥榻相比，沙發厚度約多出 20 公分，空間深度相對被多用了 20 公分，即便是臥榻加上靠枕，也約莫再多出 10 公分，因此若要換取更多的空間深度，可用座榻取代沙發。

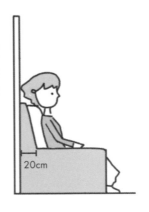

座榻

高度為 35～45 公分，深度為 60 公分，可坐可臥，但躺下較無法翻身。

臥榻

深度需考量躺下的寬度，若要舒適躺臥，建議深度需有 90 公分左右。

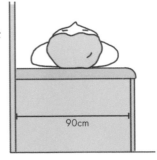

櫃體尺寸設計 05

臥榻深度大於 **60** 公分，收納建議改成前拉後掀

臥榻或座榻下方的收納設計要考慮拿取方式，通常有上掀式與抽屜式二種，一般上掀式放的量較多，但榻上若擺有桌物拿取會較不方便，適合收納較不常取用的大物件；至於抽屜式拿取方便，但收納量較少，可用來收納小物。

臥榻下方空間若夠大，收納可採複合式設計，將面向走道或客廳的前半段用抽屜式，而後半段則改上掀式設計，要注意的是抽屜若是臨走道，應考量走道寬度通常約 80～120 公分，所以臥榻下的抽屜尺寸不能超過走道寬度才能完全打開。

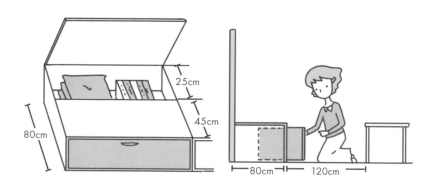

前拉後掀，空間物盡其用

一旦臥榻的深度足夠，可將臥榻拆分成前後兩半。以 80 公分深的臥榻為例，前半部採用抽屜深度約 45 公分，後半部則用上掀，深度可達將近 25 公分左右。

深抽屜需確認走道寬度

若臥榻的抽屜為 80 公分，拉出抽屜時會佔據到走道空間，建議需確認抽屜是否能完全打開。

尺寸破解 01

視聽櫃可移至電視牆側邊或書房

遇到客廳過小,電視牆周邊無法設置視聽櫃的問題,可以借用遙控設備來解決,不只可將
視聽櫃移至客廳側邊,也有人直接將視聽櫃內嵌在電視牆後方的書房裡,可省下客廳空間,
日後若需維修也可直接由書房進行更方便。

攝影 _ 劉士誠

電視櫃移至側邊

五金設計 01

搭配視聽櫃內抽板,幫助散熱也更好用

如果空間不夠無法設計較大櫃體,給予電器空間式度的散熱空間,建議不妨利用櫃內抽板的五金設計,如此只要在使用電器時將抽板拉出便可解決,使用上也不會受櫃子大小限制。

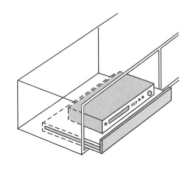

五金設計 02

善用滑軌，讓座榻茶几可左右移動

為方便置物，座榻旁多會設置小茶几，但茶几不只佔空間、還可能影響動線，不如利用五金滑軌將茶几設計在座榻上，平日可收在旁邊較不佔位置，兩人對坐時則可移至中央來擺放杯盤。

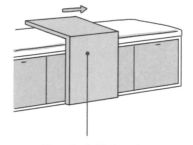

茶几和座塌合而為一不佔空間

升降和室桌增加使用空間

除了可增設滑軌使茶几與臥榻合為一體外，也可在臥榻區利用升降五金來增設和室桌，讓單純的臥榻可變為和室，增加更多功能。此外，上掀式的收納也可以加裝撐桿五金來達到省力的效果。

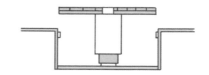

五金設計 03

上掀門、捲門最少省下約 30 公分的門扇開啟空間

小空間為爭取更多收納量，在櫃體門片上可以多加利用五金協助，例如緊臨動線的櫥櫃可以選用捲門取代雙開門，省下約 30 公分的開門空間。另外，座榻也可改用上掀門設計，讓東西更好拿取。

上掀設計保留更多走道空間

起居與臥床合併空間，不顯侷促

為了節省空間將臥床與起居區合併設計，不睡覺時臥床區就是家裡的
起居區，而臨窗的牆面設有視聽牆，擺設有屋主的一對大型喇叭與電
視、櫃體，而右側臂式壁燈與軌道燈則提供足夠照明。

圖片提供＿馥閣設計

櫃體尺寸／走道右側降板格
局的起居區可放入 5×6.2 尺
的標準雙人床鋪。另外，因
應平時在床上看電視的起居
需求，特別加設大量抱枕可
變身為沙發座區。

格局尺度／夾層上規劃為小
孩房與遊戲區，由於小孩還
小，特別以玻璃材質設計樓
板，讓上下樓層互動更親
密。

微角度轉折電視牆，空間視覺更放大

從大門起始，運用機能立面串聯玄關與電視牆，並整合收納櫃體，包括電箱與對講機亦納入其中。以白色為主要底色，玄關地坪鐵灰色則延伸踢腳線，使得電視櫃產生懸空錯覺，同時藉由些微的角度轉折，拓展牆面開闊尺度。

格局尺寸／玄關延伸電視牆，微角度的轉折由淺至深達 48 公分，加上高度 35 公分踢腳線，因而產生視覺退後假象，令整體空間放大感。

櫃體設計／整面電視牆含收納櫃用途，採取貼木皮、噴白漆施作，使整面電視牆顯得清爽無壓。

圖片提供 _ 六十八室內設計

電視牆與吧檯雙用的島桌

將客房的升高地板延伸至起居區，並轉化為沙發的底座，讓視覺有延伸放大感。另一方面，把廚房大理石中島做美背設計，搭配電器櫃與吊掛式電視則成為電視櫃，滿足沙發區的需求。

圖片提供 _ 明代室內設計

格局尺度／捨棄傳統客廳格局，利用提高 15 公分的地板做底座訂製一字型矮沙發，同時也減緩因大樑引起屋高較低的問題。

櫃體設計／將中島面向沙發區的立面設計為電視櫃，高 90 公分的島桌下方嵌入電器櫃，上方電視則以吊掛方式固定，顯得輕巧有質感。

電視櫃與電器櫃也是天然閣屏

在僅 10 坪的小宅內，將電視櫃與電器櫃做一櫃二用設計，讓空間形成環狀動線，而左側的木通道下方更有大量收納，以及一座可電動升降的和室桌，讓室內採光與視野極佳的窗邊多一處閱讀、聊天的空間。

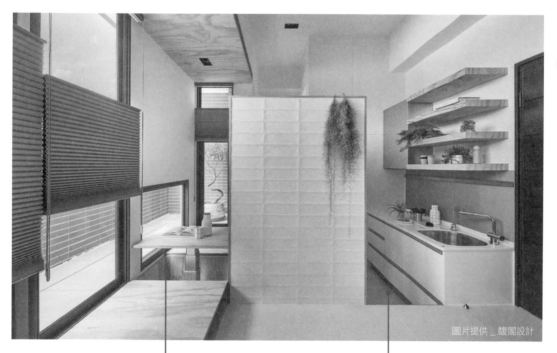

圖片提供 _ 馥閣設計

櫃體尺寸／廚房區木通道下方櫃體寬達 60 公分，即使大物件也可收納，而起居區地板雖較高，但仍有 25 公分高的層板可置物與坐臥。

格局尺度／廚房區的地板較低，為了有效利用，在窗邊設計以木作通道與電視櫃整合出環狀動線，也讓廚房與客廳自動分區。

整合機能，滿足多重收納需求

小空間安排過多櫃體，容易壓縮空間帶來壓迫感，因此採用具承重力的鐵件，營造櫃體輕盈感，同時結合木素材賦予溫暖手感，視聽櫃配合設備尺寸，量身打造輕薄造型，並選用相當木素材，維持視覺的一致性，最後皆以懸空方式固定於牆面，再次強調輕巧的視覺感受。

圖片提供_珞石室內裝修有限公司

櫃體設計／考量收納便利性，並避免櫃體造型過於沉重，僅在下層做封閉式設計，上層安排開放式層架收納，兩段式收納規劃，恰可豐富櫃體造型，也滿足不同收納需求。

櫃體尺寸／配合屋主身高收納櫃懸空於 160 公分位置，確保拿取使用便利，視聽櫃依視聽設備尺寸採量身訂製。懸空收納櫃高 148 公分、寬 475 公分、深 35 公分。視聽設備櫃高 40 公分、寬 220 公分、深 40 公分。

書桌與電視牆一體兩面

想要有一間書房，卻僅能在客廳與餐廳之間騰出空間，於是打破一般牆面印象，將客廳視聽櫃與書房書桌併成一體兩面的隔間界線，書房以強化玻璃作為隔間，讓整個公共領域通透，空間感更放大。

格局尺度／書房以強化玻璃作為隔間，視角可從客廳穿透到書房的大面積格櫃書牆，若需隱私時，放下純白捲簾即可。

櫃體尺寸／置入一體兩面概念，以書房訂製書桌背面為電視牆，電視櫃則為高度 25 公分矮櫃，書桌高度 130 公分，可將電器電線收藏在夾層裡。電視櫃高 25 公分、寬 270 公分、深 60 公分。

圖片提供＿六十八室內設計

移除主臥牆面，釋放公領域

3 人小家庭不適用原本建商規劃的 2 ＋ 1 房格局，因此設計師決定釋放空間，將原本主臥房牆面移除讓公領域光線更充足，並減少固定櫃體利用傢具創造空間個性，形成開闊自由的生活場域。

攝影＿劉士誠／空間設計＿大晴設計

櫃體尺寸／在文化石裝飾的牆面後是主要的熱炒廚房，開放式的公領域則視為一個輕食區，設計懸吊式的及腰矮櫃，放置烤箱、氣炸鍋、電鍋等電器，創造方便愜意的居家休閒感。廚櫃長 372 公分、寬 60 公分、櫃高 60 公分（含 5 公分人造石）、離地 25 公分。

櫃體設計／電視櫃則採用懸吊設計設置在原本牆面位置，不但整合視聽設備也可擺放裝飾品，電視以調整角度的旋轉設計展開可視角度。電視櫃長 130 公分、寬 50 公分、高 40 公分。

升高地板形成走道與起居臥區

因本身為錯層格局導致地板有高低差，為避免一入門就有向下走的階梯，特別將地板架高，讓走道、書桌區與臥床區的格局自然形成。而走道下方也可做上掀櫃與起居區的側開收納櫃。

圖片提供_馥閣設計

櫃體尺寸／走道下方櫃體為長 90× 寬 90× 高 60 公分的上掀櫃，收納量相當大，而床尾前端則為同尺寸的側開櫃，方便起居臥床區使用。

格局尺度／利用高低地板來做空間分區，讓室內不需要隔間牆也能清楚分區，避免 8 坪空間的侷限感受。

活動茶几收納強，還原走道更暢通

客廳主牆與通往臥房的木質門片結合，也就是實際上客廳與臥房是共用走道空間，為了保持走道暢通前提之下，以活動式收納櫃代替茶几功能，平時可收置在窗戶下方的壁櫃裡。

櫃體設計／融合收納櫃概念的訂製活動式茶几，櫃體側面預留衛生紙抽取孔，桌面則有雜誌孔。

櫃體尺寸／平時不佔用主要走道，窗戶下方的壁櫃用來收置茶几，因此茶几裝設滑輪便於移動。壁櫃寬 200 公分、高 95 公分、深 65 公分。

圖片提供＿六十八室內設計

內嵌設計與牆融為一體

利用隔牆厚度，將整個電視櫃嵌入牆面，此一設計不只可有效節省空間，視覺上沒有了櫃體存在，空間感覺也更加開闊，而且內嵌電視櫃不做太多層板規劃，刻意留白讓櫥櫃更具輕盈感。

櫃體尺寸／現代電器多以輕薄為主，深度不需過深，反而以層板、抽屜櫃搭配收納，更能滿足需求。內嵌電視櫃高 50 公分、寬 170 公分、深 40 公分。

櫃體設計／呼應以淺色系為主的空間風格，內嵌電視櫃選用輕淺木色搭配玻璃層板，成功營造溫馨、輕巧感。

圖片提供 _ 福研設計

複合式電視櫃轉作完美隔間牆

在考量高度足夠的情況下,設計師先將女兒房運用架高地板的設計,
切出下方空間來作收納儲藏櫃,同時連通往房間的階梯內都有抽屜櫃,
讓僅有 16 坪空間,完全沒有收納不足的問題,至於電視牆則是一體多
用的完美牆櫃與隔間牆。

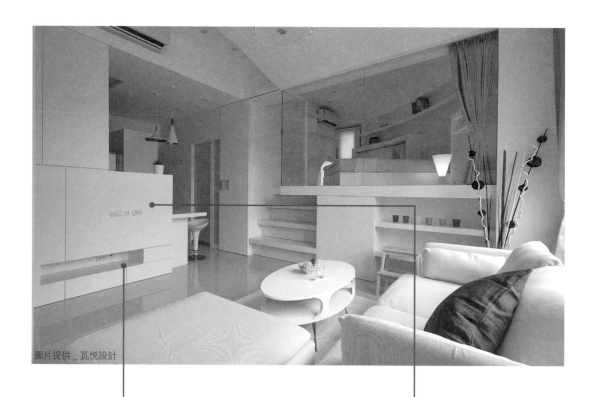

圖片提供 _ 瓦悅設計

櫃體設計╱利用視線可穿
透的電視牆,搭配內嵌櫃
設計,不但可滿足電視吊
掛、電器收納需求,連結
側邊收納櫃,同時還順勢
區隔出餐廚區。

格局尺度╱隨著客廳沙發
作 90 度轉向後,讓電視
牆與後面廚房櫃體可結合
為一,並利用電視牆高度
來遮掩廚房,也增加牆後
收納量。

多重收納方式滿足需求

為了滿足臥房、書房等多重空間需求，採用架高臥榻的設計，滿足各種使用機能，並利用臥榻深度打造收納空間，並將空間裡的幾個牆面，設計成可收納量超大的書櫃，因應屋主有大量收藏漫畫書的需求。

櫃體尺寸／深度 45 公分可收較大型的雜物，書櫃深度配合書籍大小設計，充份發揮書櫃空間。書櫃高 130 公分、寬 188 公分、深 35 公分。漫畫櫃高 250 公分、寬 120 公分、深 25 公分。臥榻高 45 公分、長 × 寬 296×232 公分。

櫃體設計／位於臥榻深處採用上掀式收納，靠近入口處則規劃在臥榻下方，收納分區使用也更方便；書櫃藉由結合開放與隱蔽式收納，避免整面書牆讓人產生壓迫感。

圖片提供 _ 福研設計

Point 3

書櫃

各種尺寸都收得下

即使是小坪數也想要有書房嗎？或許可在公共區找適合角落來規劃開放書房，而此區域中最重要的傢具自然是書桌與書櫃，不過因書房作開放設計，書櫃要收納的物品可能也變得多元，形成複合式用途的書櫃。

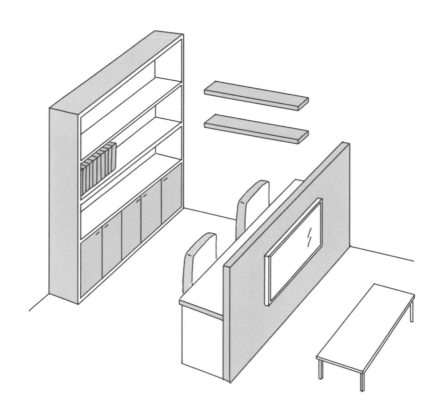

櫃體尺寸設計 01

不同類書籍需有不同層板高度

單純以書櫃設計來考量，最重要的尺寸就是層板高度，
由於書籍的大小不同，最好可以先統計確認書籍的類
型與數量，如文件夾、原文書需要 40 公分高及 30 公
分深，一般書籍則要 30 公分高、25 公分深，當然也
可設計以活動式層板來因應未來變化。

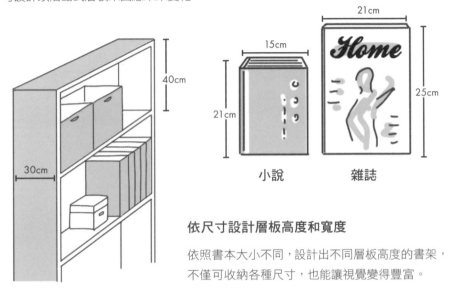

小說　　　　　　雜誌

依尺寸設計層板高度和寬度

依照書本大小不同，設計出不同層板高度的書架，
不僅可收納各種尺寸，也能讓視覺變得豐富。

櫃體尺寸設計 02

每 90 公分加立柱，預防層板變形

書櫃層板容易因長期擺放書籍而彎曲變
形，出現所謂的「微笑曲線」。對此，可
依需要選用 1.8 ～ 4 公分的加厚木心板，
但除造型需要，實務上很少用到 4 公分厚
板，較常見以鐵件來強化承重力。另外，
也可以用工法加強，在超過 90 公分寬處
加立柱來避免層板變形。

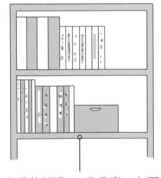

書櫃若超過 90 公分寬，上下層板之
間加上立柱，能作為層板的支撐。

櫃體尺寸設計 03

不擠壓走道，層板 15 公分深為佳

若想在走道設置書架，需考量書架深度是否會佔據空間，導致行走不便。一般走道約在 75～90 公分之間，在小坪數空間中走道寬度可能會再限縮。以最小寬度的走道 75 公分來計算，架設書架層板建議 15 公分深較佳。這是因為走道寬度 75 公分扣除 15 公分的層架後，還有 60 公分可供行走，且能不撞到書架。

尺寸破解 01

利用上下錯層設計，提升空間利用率

小空間可多利用上下互嵌的錯層設計來爭取更多收納機能，將位於上層的房間床位直接以升高地板來取代床架，可讓下層擁有更高的空間，架高處或階梯則再善加利用作為書籍的收納。

圖片提供 _ 瓦悅設計

尺寸破解 02

書櫃的高度和深度變換

書量較多的情況下，可以使用雙層書櫃，或是利用
高度將書櫃做到置頂。一般書櫃做到 35 公分深即
可，正常的雙層書櫃約 60 ～ 70 公分深，若想更節
省空間可讓前後兩層書架的深度不一。前櫃深度約
15 公分，可收納小説或漫畫；後櫃深度保留 22 ～
23 公分左右，整體加上背板厚度可縮小至 40 公分
深，增加收納量卻也不佔據太多空間。

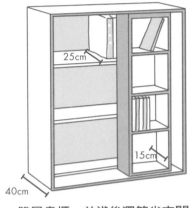

25cm

15cm

40cm

雙層書櫃，前淺後深節省空間

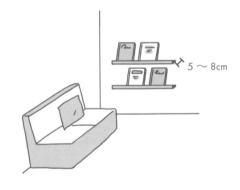

5 ～ 8cm

書本作為展示，深度 5 公分即可

書量少的情況下，何不把書本作為展示的一部分。
設置深度約 5 ～ 8 公分左右的木條，讓書本封面正
面示人，不僅不佔空間，也能美化居家。

圖片提供 _ 禾睿設計

置頂書櫃，增加收納量

除了利用深度增加收納空
間，也直接利用空間高度向上
發展，讓書櫃達到使用的最大
量。一旦書櫃超過 180 公分以
上，建議再加上梯子方便上下
拿取。

廚具結合書架牆面，整合多重機能

屋主有大量藏書和公仔蒐藏嗜好，因此必須在 10 坪小空間裡，盡可能往垂直及水平方向運用空間，規劃符合需求的充足收納居家；高度上黑色鐵件製成的書架搭配活動梯子，形成一面複合機能的實用牆面，從室內延續至陽台的桌子則擴展水平的開闊感。

圖片提供＿禾睿設計

櫃體設計／原本廚房工作檯面只有 200 公分，向右加長 63 公分提升下廚時備餐的便利性，上櫃門板也重新調整偏長形比例，創造較為俐落的視覺感。

櫃體尺寸／黑色鐵件書架切齊入口邊緣，形成一面複合機能的實用牆面，書架高度拉齊廊道底端的天花樑下緣，並藉由鐵梯創造上下垂直動線，增加高度區域的收納空間。書櫃寬 207 公分、深 37 公分。

串聯客廳與主臥的書桌，讓書房無中生有

為了在現有空間裡創造書房空間，主臥設置一張兩人長書桌，藉由主臥與客廳之間的半高矮牆與茶玻璃為書桌背牆，讓視線得以穿透延伸，客廳電視牆成為書房端景，進而使空間達到放大的效果。

櫃體設計／充分運用窗台下與柱體間的畸零空間，視為書桌的附隨櫃體，創造實用的收納機能。

櫃體尺寸／兩人書桌寬度達 241 公分，抽屜櫃體可收納工作所需的事務機。書桌高 80 公分、寬 24 公分、深 60 公分。

格局尺寸／以半高矮牆結合茶玻作為客廳與主臥室的隔間，需隱私空間時，可放下主臥捲簾。玻璃窗高度 125 公分、寬度 205 公分；沙發背牆高度 100 公分。

圖片提供 _ 雲司國際設計

8 坪小宅成就應有盡有的大起居區

在台北市區僅 8 坪的房子能過甚麼樣的生活呢？屋主將看電視、用餐、寫書法等需求通通整合至起居區的大桌面，讓格局不因過度分區而變小，而一旁則以拉門藏著電腦桌區，讓空間視覺仍保有簡潔。

圖片提供 _ 馥閣設計

格局尺度／因為不勉強做分區或隔間，讓起居區保持寬敞舒適，座榻與電視間距離約 208 公分，不顯侷促；用餐、寫書法的桌面也很實用。

櫃體尺寸／窗邊的座榻高 39 公分、深 55 公分，搭配多種尺寸座墊可變化為各種型態座區，且下方也可增加收納櫃，比沙發用途更多元。

緊鄰陽台的餐桌書櫃增添悠閒情趣

餐桌後方的大型收納櫃涵蓋整面牆體的公領域段落，並以參差錯落、
局部開放的形式，展現立面的多元視感。對在家工作所需的機能空間，
系統櫃的抽屜櫃就是最實用便利的文件櫃。

格局尺度／餐廳靠近陽台，
是全屋採光最佳位置，無論
是餐桌或工作桌，別具咖啡
館的悠閒感。

櫃體尺寸／結合不規則排列的立面呈
現，透過部分開放的設計，以及搭配
抽拉和掀板五金，各種類型機能合體。
抽屜櫃高 60 公分、寬 232 公分。上櫃
高 180 公分、寬 173 公分。

圖片提供 _ 雲司國際設計

系統櫃搭配層板，打造空間多機能

原來的空間坪數不大，櫃體若是整個做滿容易讓人感到狹隘、有壓迫感，因此入口處以系統櫃規劃櫃體，靠窗處則利用木質層板打造一個 L 型書桌檯面，層板下方再搭配現成系統櫃做收納，增加收納也有營造輕盈視覺效果。

櫃體尺寸／深度比層板淺，讓書櫃可以隱藏在層板下面。層板下方書櫃高 75 公分、寬 237 公分、深 40 公分。系統櫃高 250 公分；寬 211 公分、深 40 公分。

櫃體設計／有制式規格的系統櫃雖然適合打造大量收納櫃體，難免缺靈活度，藉由搭配木質層板，可打造出空間與機能的多樣性，最後以相近的木質將質感統一，便能滿足功能與美感的需求。

圖片提供 _ 福研設計

吧檯式書桌創造空間層次

沙發端景是一個大面積的收納量體，同時兼具書櫃與收納櫃的多元使用內容。訂製的高背沙發背牆結合書桌複合機能，以吧檯式設計，藉由高度的變化豐富空間的垂直層次。

櫃體設計／吧檯式書桌後方的收納量體，同時容納了格櫃、書櫃及收納櫃設計；書桌亦取代邊几功能，利用高背沙發高度差，預留凹槽作為遙控器等置物櫃之用。

格局尺度／工作桌與咖啡桌集合概念的吧檯書桌，成為書房與客廳的領域之別。吧檯書桌：高 130 公分；寬 240 公分。

圖片提供 _ 雲司國際設計

Point 4

餐廚櫃

餐具、料理雜物都能一目了然的餐廚櫃體

除了美麗的餐盤展示，刀叉鍋具以及廚房家電都是
餐廳和廚房必須解決的收納項目，如何讓這些物品
各得其所，達到好用、好拿的目的，同時又能提升
收納量及空間品味則是設計的最大重點。

櫃體尺寸設計 01

餐櫃層板高度 15 ～ 45 公分都有

用來展示餐具的餐櫃多半以玻璃作門片，將上櫃視覺聚焦區設計為展示用，而下櫃則以收納為主，內部的層板高度由 15 ～ 45 公分均有，取決於收納物品高低，如馬克杯、咖啡杯只需 15 公分即可；酒類、展示盤或壺就需要約 35 公分，但一般還是建議以活動層板來因應不同的置放物品。

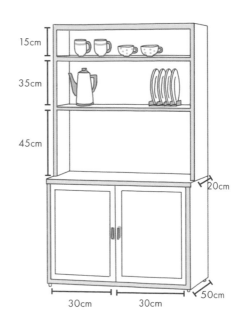

餐櫃寬度與深度

餐櫃深度約為 20 ～ 50 公分，有不少款式會因上下櫃功能不同而有深度差異。至於寬度則因有單扇門、對開門及多扇門的款式而不一樣，單扇門約 45 公分，對開門則有 60、90 公分，而三～四扇門的餐櫃多超過 120 公分寬。

餐櫃兼電器櫃，深度至少 45 公分

若要將飯鍋、微波爐等小家電放在餐櫃，最好配置在中高段較好取放。一般電鍋的高度多為 20 ～ 25 公分，深度為 25 公分左右；而微波爐和小烤箱的體積較大，高度約在 22 ～ 30 公分，深度約 40 公分，寬度則在 35 ～ 42 公分不等。同時需考量後方有散熱空間，因此櫃體深度必須注意至少有 45 公分為佳。

若是小坪數的空間中，建議將小家電放於廚櫃，餐櫃則選用深度 35 ～ 40 公分左右，較能減少體積。

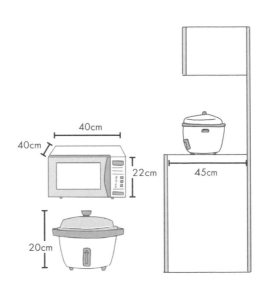

廚房吊櫃以活動層板靈活收納

廚房吊櫃的深度較淺，一般約 30 ～ 35 公分、最深不超過 45 公分，多採取開門或上掀式門片，內部則以簡易層板做活動式規劃為主，收納一些重量輕、較少使用的備品。

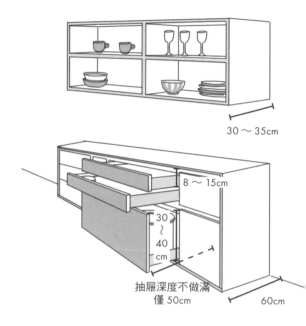

30 ～ 35cm

抽屜拉籃分類收納

面對收納物件繁多的廚房，大大小小的抽屜或拉籃是廚具規劃的重要元素，體積較小的刀叉和湯匙，通常會利用一些高度較低（約 8 ～ 15 公分）的抽屜，收放於下櫃的第一、二層，內部運用簡易收納格或小盒子分類收納；大型鍋具炒盤可用大抽屜或拉籃收納於最下層，面板高度能依需求調整，常見以 30 ～ 40 公分為主。特別的是，這類抽屜深度多不做到底，以 50 公分左右為最適合抽拉的尺寸。

8 ～ 15cm

30 ～ 40 cm

抽屜深度不做滿僅 50cm

60cm

側拉籃填補尷尬窄區

一般廚房配件多有既定尺寸，整體規劃難免會遇見狹窄尷尬的剩餘畸零區，這時可選用一些窄寬度的側拉籃填補此一缺口並賦予收納機能，最常見寬度以 30 公分以下為主，另有 50、75 公分等，但較少用，深度則會配合廚具做到約 60 公分。

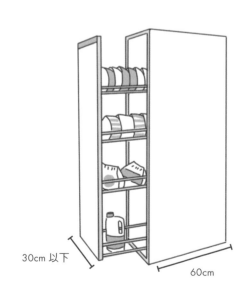

30cm 以下

60cm

尺寸破解 01

櫥櫃抽板可增加工作平檯

利用餐櫃或電器櫃來加設可拉出的抽板，就可以順利為餐廳或廚房爭取多點工作平檯；此外，吧檯的
延伸桌板同樣可增加使用檯面，無論料理食物或用餐都更寬綽。

尺寸破解 02

活用「中間地帶」收放刀具砧板

除了製訂櫃體之外，上櫃與下櫃的「中間地帶」也一定
要好好利用，規劃簡易簡易磁條吸附刀具鍋鏟，或以
橫桿、鐵板搭配懸掛式五金收納剛洗好的湯杓、杯具、
砧板、鍋蓋等，都是不錯選擇。

攝影 _ 王正毅

餐櫃分隔柱，避免物品傾倒

餐櫃內收的杯盤碗碟都是瓷器最怕碰撞，為了保護
這些珍貴瓷器玻璃，在需要拉出拿取的抽屜內可以
選用分隔柱等五金來輔助收納，建議挑選可配合網
板自由定位的分隔柱，這樣便可依物品大小作固定
疊放，增加收納量。

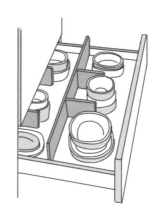

滑軌與輪子讓傢具移動更省力

因空間珍貴，同一區域常常需要做多元利用，但如果常常要搬動傢具則相當不
方便，因此可在櫃子下加設滑輪，移動上更便利。而桌面也可加上滑軌，讓餐
桌變書桌，滿足生活需求。

五金設計 03

旋轉五金創造大量收納空間

除了動線簡單的一字型廚具外，大部分廚具規劃
都會遇到轉角問題，在這個約有 60×60×85 公
分的立體空間中，可運用一些旋轉五金配備爭取
最大限度的空間使用，如：蝴蝶轉盤、360 度轉盤、
小怪獸、半圓立式轉籃等，基本都有標準尺寸可
供選配。

五金設計 04

垂直式五金爭取垂直收納

就人體工學角度而言，建議收納空間規劃於 180 公分以下完成最好使用，但若能藉由一些垂直式的五
金配件，如自動式或機械式升降櫃、下拉式輔助平台、下拉抽等，就能打破高度限制，強化收納效果。
一般升降櫃有 60 公分、80 公分、90 公分等款式，若是居家收納容量需求大，建議直接挑選最大尺寸，
以節省升降櫃兩側的油壓五金空間。

攝影＿劉士誠

共用空間讓生活尺度放大

將廚房改為開放一字型設計，擺脫原來小廚房狹隘感，而且轉身就可
與家人互動聊天。另外，身後規劃有一中島吧檯，可以輔助作為廚房
檯面使用；而餐桌因與工作桌因合併而得以放大設計。

圖片提供＿明代室內設計

格局尺度／因採用區域重疊共用
的設計，讓餐廳與工作區共用桌
面、廚房與餐廳共用動線，使小
住宅也能享有大廚房。

動線尺寸／為了讓廚房與餐
桌之間能保有親密卻又不顯
狹隘的距離，通道需留有 120
公分寬，好讓兩人可會身交
錯，而轉身取放餐點也不會
太遠。

廚房精緻設計，回應空間風格

偏長形的空間以灰色牆面明確劃分公私領域，右側為臥房及衛浴，左側為客廳及餐廚區。由於是開放式廚房設計，下廚機率也並非太頻繁，廚櫃無論在板材質感或者規格調性上，不但融入整體空間風格，也呼應屋主的生活及質感需求。

格局尺度／廚房位置緊鄰入口，以系統家具設計 L 型檯面創造烹飪的流暢三角動線，並以抽油煙機最佳效能規劃間距 65 公分的上下廚櫃。寬 108 公分、深 65 公分、高 85 公分（爐台區域尺寸）。

櫃體尺寸／由系統傢具依客廳尺度打造廚房，電器櫃能輕易結合各種五金滑軌，提高家電設備操作。高 65 公分；深 66 公分；寬 212 公分（每格尺寸）。

櫃體設計／白色鋼琴烤漆的系統板材，讓室內情境透過光線微微反射在板材上，與現代感的空間調性協調融和。

圖片提供 _ 大晴設計

電動樓梯變身電器櫃

樓梯是夾層屋內不可或缺的動線設備,但是僅有 8 坪還要讓出樓梯實
在太浪費空間,為此設計師打造一座可橫移的電動樓梯,並將樓梯下
方的空間規劃成多功能廚房電器櫃。

圖片提供 _ 馥閣設計

櫃體尺寸/透過事先掌握電器
的規格尺寸與內嵌設計,在廚
房角落設計電器牆,而樓梯階
高則以 25 公分的跨距來設計,
準確地將二者密合在一起。

櫃體設計/除了嵌入電器外,
樓梯內也有抽屜櫃,讓小小廚
房功能更強大,且平日樓梯收
起來只見優雅電器櫃。

複合式中島滿足機能，同時引領動線

只有夫妻 2 人居住的舒適空間，面山景色和明亮光線是空間規劃的首要考量，進入空間就看到 L 型的開放視角展開尺度，主臥採用玻璃格子門讓山景綠意成為廊道端景，中央固定式的中島增添生活況味。

櫃體設計／中島設計加入夫妻的品酒興趣，在收納餐具功能之外也是藏酒櫃，後段則規劃為 4 人座餐桌，複合式功能為小空間創造更多活動空間。

櫃體設計／延續整體美式鄉村風格，中島以簡約線板勾勒櫃體並搭配石材桌面，中性的灰藍色調呈現優雅質感。

格局尺度／考量到基本行走動線寬度，寬 340 公分的廊道扣掉左側廁所開門迴旋空間規劃 140 公分寬的走道後，決定中島尺寸及置放位置，四周走道也形成串聯空間的動線。中島高 90 公分、寬 100 公分、長 220 公分。

圖片提供 _ 大晴設計

輕食餐廚區小巧而功能齊全

廚房位於錯層格局的降板區，機能設定以輕食料理為主，為避免增加空間壓迫感，將局部櫃體則採木層板設計，而左側靠牆處規劃為排煙機與爐火區，緊接著有水槽區，空間不大，但機能大致都能滿足，另外也有電器櫃來補強機能。

圖片提供 _ 馥閣設計

櫃體尺寸／雖然空間有限，但廚房爐台加工作檯面還是有 135 公分長，爐台、排煙機與水槽區使用尺度都算寬綽，而廚櫃則以下櫃為主。

櫃體設計／為提升廚房機能，工作檯面對面規劃有電器櫃，除了電器設備外，還設有抽板增加工作檯面，至於可移動的樓梯內則為廁所。

廚具乾淨明亮，發揮採光面優勢

單面採光的格局，搭配開放的動線，使日光得以從餐廳照入客廳與書房空間，餐廳因格局換位思考引導，地位反而凌駕在客廳之上，廚具選材必要能夠突顯採光優勢。

櫃體設計／廚具以洗練的灰階展現現代時尚，輔以陽光捲簾，保持乾淨明亮的自然光線。

格局尺度／餐廳與客廳呈開放格局時，餐廳地面以灰色系的瑞士貝力超耐磨木地板鋪陳，拼貼的軸向可導引朝向書房客廳方向行進。

圖片提供＿雲司國際設計

伸縮式長桌，用餐工作複合機能

僅僅 19 坪空間需先扣除四房之後，餘下的空間還需分配給客廳和餐廳，因此開放式空間抹除客廳與餐廳的界線，一張伸縮式長桌作為灰色隱藏式櫃體的延伸，發展用餐、工作的複合機能，同時為狹窄的走道保留流暢動線。

櫃體尺寸／從櫃體延伸的伸縮式餐桌，長桌長度達 180 公分，寬 80 公分最多容納六人。

格局尺度／隱藏式櫃體的伸縮式長桌上方作為年長父母上網區，長桌下方則是主機收納櫃，置物櫃底層採用灰鏡，鏡面反射加深空間感。

櫃體設計／餐桌預埋滑輪軌道，可輕鬆拉動餐桌，並在桌角內側裝置可固定的活動鈕，餐桌推入櫃體時，巧妙收進衣櫃夾層裡。

圖片提供 _ 六十八室內設計

廚房天花板增設電動升降櫃

將大門區的廚房設備向右移位，使原本靠大門邊的難用空間變成爐具右側的高身櫃，而天花板上也增設電動升降櫃來提升收納力。另外，走道旁利用空間擺放冰箱與男主人的紅酒櫃，不浪費任何一點空間。

圖片提供 _ 馥閣設計

格局尺度／雖保留原本廚房位置與衛浴間，不過因將廚房設備向大門處移位，讓出右側空間可做出約 40 公分的夾縫高櫃，增加不少收納機能。

櫃體設計／走道左側因應男主人的酒類收藏需求，在冰箱旁規劃有紅酒櫃，而其上方則另設門櫃來做收納設計。

137

巧思櫃體設計，創造順暢轉折動線

由於預算考量，舊屋改造的空間格局沒有太大的更動，在空間有限的
餐廳設計師算精尺寸，創造一個對應廚房需求的收納櫃，並運用櫃子
設計引導動線，讓小餐廳也機能滿分。

圖片提供 _ 大晴設計

櫃體設計／客廳通往餐廳入
口略為狹窄，設計師在轉折
處利用斜角設計解決問題，
讓過道動線更為流暢。

格局尺度／即使餐廳的空間
不大，走道仍考量到寬 40
公分門片開啟佔據的空間及
動線寬度，扣掉餐桌及櫃子
深度後，仍有 94 公分寬的
走道不會過於狹窄難行。

櫃體尺寸／餐廳櫃子延續小
廚房的使用機能，因此混合
開放式及隱閉式的收納設
計，櫃子中段的平台方便置
放家電。餐櫃深 40 公分。

兼具隔間功能的隔牆收納櫃

依據使用動線，把位於廚房與主臥間的大型櫥櫃，規劃成大型電器櫃，由於少了原來隔牆厚度，刻意做得比一般櫥櫃來得深，也不會擠壓到空間，而且還能把冰箱、洗衣機等大型的電器，通通收進櫥櫃，避免造成小空間雜亂，維持視覺上的乾淨、整齊。

櫃體尺寸／頂天高櫃規劃在樑柱下，巧妙替代隔牆功能，深度則配合冰箱和洗衣機尺寸做至 62 公分。廚櫃高 225 公分、寬 274 公分、深 62 公分。

櫃體設計／櫃體設計採部分封閉，部分開放式，除了是對應電器的使用方式，利用兩種收納方式，也可有效減少封閉式高櫃帶來的沉重壓迫感。

圖片提供 _ 十一日晴設計

中段留白減緩櫃牆壓迫感

在廚房牆面打造一面收納牆，刻意以上櫃加下櫃組合，留出中段空間，
避免整面櫃牆帶來封閉壓迫感，下櫃順勢成為可擺放電器的檯面，櫥
櫃選用相同的木貼皮，營造空間簡潔俐落感，也有放鬆、引發食欲的
效果。

圖片提供：福研設計

櫃體尺寸／儲物櫃深度齊
牆，滿足收納的需求，也維
持視覺的平整。櫥櫃高 88
公分、寬 138 公分、深 60
公分。

櫃體設計／櫥櫃中段刻意設
計間接燈光，並貼覆反光材
質，除了打亮空間效果，也
藉由反射特性減少櫃體造成
的沉重感。

抓準間距，滿足客廳與廚房多元需求

共用是小空間規劃的重要概念，但是在設計上必須很小心每個區域的機能與尺寸，設計師經精確丈量電視、爐灶與水槽間的間距後，確保爐口熱度、水槽潮濕問題不會影響電器機具，這才得以完成寬敞客廳與夢幻大廚房的格局。

櫃體設計／運用雅致又好清潔的灰藍色磚牆來鋪設廚房與電視的端景牆，搭配橫向發展的ㄥ型廚房，完全跳脫了小坪數住宅的格局侷限。

櫃體尺寸／寬 450 公分的ㄥ型廚房，不僅具多元機能，上櫃與下櫃分別為 35 公分與 60 公分深的櫥櫃，也讓收納力已遠超過一般小住宅，櫃體與沙發之間更可作為屋主瑜珈的練習場。

圖片提供＿綺寓空間設計

搭配現成櫥櫃的靈活收納

為了讓光線沒有阻礙地直達所有空間，捨棄上櫃設計，廚房的所有收納功能只能依賴下櫃，於是將原來的一字型改為 L 型，藉此增加收納空間，另外並搭配現成的小型收納櫃，解決收納空間不足的問題。

圖片提供 _ 十一日晴設計

櫃體尺寸／將原來的一字型櫥櫃，改為 L 型櫥櫃，增加收納空間。櫥櫃高 85 公分、寬：短邊 85 公分、長邊 210 公分（整個 L 型）、深 60 公分。

櫃體設計／櫥櫃立面採用仿布紋板材，減少常見亮面櫥櫃的現代感，並與空間裡的柔和顏色相呼應。

兼備餐飲、工作、收納與展示的超能吧檯

在 9 坪小宅內，最重要的設計原則在於機能滿足與風格營造。由於僅一人居住可將餐廚合併，因此，將入門左側廚房直接規劃為餐廚空間，除了利用複合型吧檯來遮掩爐台，同時也以吧檯來增加工作檯面與收納、展示機能。

格局尺度／在廚房與客廳間加設吧檯設計，成功地擋住爐台外，也讓大門與室內多了一道緩衝，增加空間層次感。

櫃體尺寸／吧檯底座高 100 公分、寬 120 公分、深 60 公分，提供了工作與用餐的功能，而上櫃高 80 公分，規劃有展示與儲物櫃，小小吧檯卻發揮超高坪效。

圖片提供／綺瑪空間設計

融入空間風格的櫥櫃設計

為了不阻礙採光，將櫃體規劃在窗下位置，寬度做至齊牆，讓收納空間可以最大化；而且由於擁有充足的光線，不須一定要選用淺色系，反而刻意選擇把木皮染黑，呼應整空間的低彩度用色。

圖片提供＿禾秝空間設計事務所

櫃體尺寸／高度調整在比餐桌略高的 80 公分，讓些微落差，營造視覺的層次變化。櫃高 80 公分、寬 250 公分、深 40 公分。

格局尺度／拆除一房，並利用相異地坪材質劃出落塵區，明顯做出內外分界，使餐廳空間延伸至玄關，營造開闊感受。

強調造型美化櫃體

屋主平時有品酒習慣，於是設計師將廚房向外延伸出吧檯，利用吧檯高度，在面向客人一側打造出儲酒櫃的空間，並附有滑門可適時遮蔽，櫃體的另一半則面向廚房，用來作為廚房的收納使用。

櫃體尺寸／收進酒櫃後的剩餘深度，讓給廚房使用，兩面使用空間不浪費。酒吧吧檯高90&120公分、半徑110～170公分。

櫃體設計／採用圓弧造型，美化吧檯外型，並隱藏收納機能，而相呼應的天花圓弧，除了增加設計感外，也有收納紅酒杯的功能。

圖片提供 _ 福研設計

Point 5

衣 櫃

提高收納坪效

臥房最重要的傢具就是床和衣櫃，因此兩者的擺放位置，需從動線考量，留下適當距離，避免門片打到床，或有阻礙行走的狀況發生；櫃體或櫃牆應以設計手法減少壓迫感，並從個人使用需求與習慣，仔細規劃層板高度，充分發揮衣櫃收納空間。

櫃體尺寸設計 01

滿足收納量的衣櫃尺寸

一般來說，若為單身，男生衣櫃寬度需 150 公分以上，女生則至少要 210 公分；若是已婚夫妻，共用衣櫃寬度最少需 300 公分；若無法達成以上要求，可能無法滿足收納需求，只能再以矮櫃、抽屜櫃或其他儲存方式彌補不足。

層板高度應做大中小規劃

衣櫃除了收納衣物外，也會收納棉被、襪子等，因此層板高度建議規劃大中小各一，最小約 15 公分高，可放襪子、領帶等、中的 20 公分、大的可做至 30 公分，以便收納棉被。

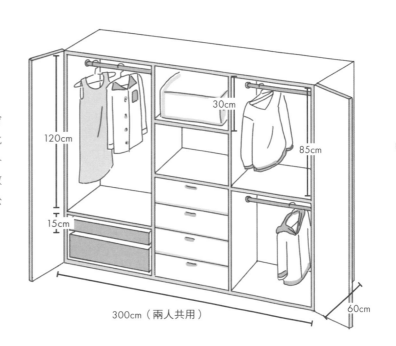

櫃體尺寸設計 02

床頭櫃深至少 45 公分

床頭櫃大致可分為兩種形式，一種是放在床的兩側，一種則是位在床墊的前方靠牆位置，若想用來收納棉被或大型雜物，櫃深需至少 45 公分，規劃前先確認增加床頭櫃後，床尾是否能留下至少 60 公分的行走空間。

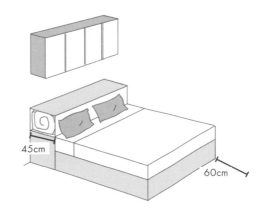

基本收納思考 01

選用淺色系，減少高櫃壓迫感

小空間裡的大型櫥櫃最容易帶來壓迫感，此時不妨
選用白色或淺色系，並在門片上利用隱形把手簡化
櫃體設計，營造簡單、俐落的視覺效果，也有效化
解迎面而來的壓迫感。

圖片提供_雲司國際設計

基本收納思考 02

搭配開放式設計，變化收納減少壓迫感

高櫃又是封閉式收納，最容易讓人有壓迫感，此時
可搭配部分開放式收納，結合鏤空和隱蔽法，消彌
櫃牆厚重感，並將收納進行更有系統的分類。

圖片提供_珞石室內裝修有限公司

五金設計 01

改變吊掛方式，克服深度不足

若衣櫃深度不足，可用抽拉伸縮式的五金掛桿，衣
服以正面吊掛的方式，深度要做多深就看要吊幾件
衣服，但也要考量拉出的深度和走道的關係。

衣櫃正面　　衣櫃剖面

伸縮衣架，縮小衣櫃深度

五金設計 02

旋轉衣架，收納量變兩倍

若真有大量收納衣物需求，此時可在衣櫃內裝設旋
轉衣架，藉此增加收納量，但事前應先與廠商確認，
衣櫃所需之基本深度、高度與寬度，以便順利裝設
旋轉衣架。

善用升降五金，解決上方使用難題

櫃體高度過高，反而不便於收納取用，此時可選用
升降五金，解決空間高度造成的不便，也能藉此有
效利用位於上層不易使用的空間。

攝影　劉士誠

兼具通透感與大收納力的主臥室

利用挑高的錯層小宅中較低區規劃為客廳及主臥，保留 3 米 6 屋高不
另外施做夾層，讓整體空間展現透空的挑高感。至於周邊則以環繞式
的高櫃來滿足大量收納機能。

圖片提供＿馥閣設計

格局尺度／為避免過多櫃
體形成壓迫，床尾區域以
木通道設計，右側則有局
部木屏風，無論是通透感
或溫潤木色調都為臥室注
入更舒壓感受。

櫃體尺寸／除了床鋪背牆
與側牆都設計為櫃體外，
降板床鋪下方其實還留有
25 公分的墊高地板，同
樣也規劃為收納區。

大面積櫃體，機能簡潔

櫃體主要靠著牆線展開，對應T牆高度與段落，劃分出電視牆與櫃體位置，客廳的衣櫃主要是應付外出衣物的收納。電視牆以文化石鋪貼而成，搭配木質櫃體，北歐風的建材元素舒服宜人。

格局尺度／由玄關進入客廳的T牆段落，要能夠擺進一張沙發與邊几，由沙發對應電視牆的定位。T牆高度105公分、長面寬329公分、短面寬95公分。

櫃體設計／客廳牆面由電視牆與衣櫃、書報櫃構成，櫃體機能設定脈絡簡潔。電視牆高度220公分（不含矮櫃，矮櫃高度20公分）、寬度292公分。

櫃體尺寸／頂天立地的高櫃作為外出衣物的收納，並利用書報櫃適時擋住柱體。衣櫃高240公分、寬200公分。書報櫃高240公分、寬55公分。

圖片提供 _ 雲司國際設計

精算櫃體尺寸滿足屋主使用需求

主臥室是屋主專屬的休閒基地，即使空間不大仍盡可能達到屋主的期待，除了充足的收納衣櫃，還要置入一台 55 吋的大電視及視聽設備，為了完成屋主在房間打電動的夢想，床舖以架高嵌入床墊設計，營造打電動時的臨場感，形成一個夢幻的休憩空間。

櫃體尺寸／衣櫃避開下降的天花板高度高度也有 240 公分，配合寬 87 公分的走道，在寬高比例上不會有壓迫感。衣櫃高 240 公分、寬 264 公分、深 60 公分。

櫃體設計／為了創造更多收納空間，窗緣上方配合下降天花高度，以黑色鐵件規劃上層收納空間，增加臥房裡收整小物的地方。

櫃體尺寸／在睡床側邊設計一道高 135 公分的矮牆，將 55 吋的大電視及設備整合，半高的高度在進入空間仍保有開闊視野。電視櫃高 135 公分、寬 190 公分、深 23 公分。

圖片提供 _ 禾睿設計

整合衣服與物品收納

重新調整體空間後讓寢臥配置在較為隱密的右側區域，在底端的主臥
不但更鄰近衛浴，提升使用的便利性，由於空間不大而且屋主生活簡
單，沒有另外規劃更衣間，大體積的衣櫃就足以供應所有收納需求。

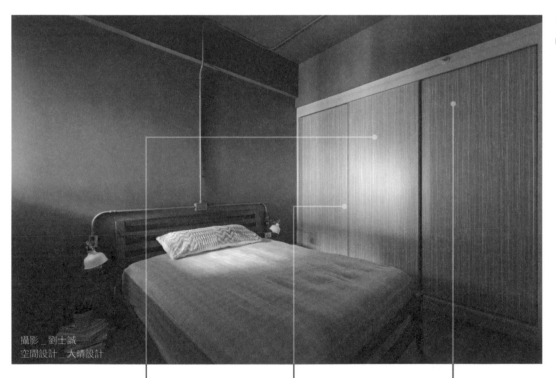

攝影 _ 劉士誠
空間設計 _ 大晴設計

櫃體尺寸／屋主夫妻的衣服
和雜物不多，因此櫃子裡整
合了衣櫃及收納櫃，保持寢
區單純的休憩功能。衣櫃寬
270 公分、高 240 公分、深
75 公分。

櫃體設計／主臥只有 3 坪
大，在擺進標準尺寸的睡
床後，與衣櫃的走道間距
寬度只剩 67 公分，因此櫃
體採用滑門設計，節省櫃
體開門時的迴旋空間。

櫃體尺寸／利用天花樑
下方空間設計櫃子，自
然的木紋紋理不但具有
修飾作用，整面的跨距
設計使視覺感更為整體
一致。

電動升降五金解決高處取物問題

經過更縝密的尺寸安排，小空間也能充滿機能、又保持簡潔，此案利用電動升降五金設計，在天花板規劃可下降拿取的收納櫃，解決挑高格局高處不好利用的問題，而收起櫃體後仍可享有寬敞視野。

格局尺度／為了避免櫃體過多造成視覺的干擾，讓空間顯得雜亂，因此設計時將櫥櫃盡量向挑高夾層的上端發展，再以電動五金來解決拿取困難的問題。

櫃體設計／在起居區左右各有一座電動升降櫥櫃設計，此櫃高達 105 公分，適合掛放較長衣物，另一處則較小。

圖片提供＿馥閣設計

形隨機能而設的櫃體

為了讓格局有限的主臥室能有更多元的休憩空間，首先將床鋪右側的浴室門片改向，使床鋪可緊靠牆邊，讓出窗邊較寬敞動線，以便在房內規劃出觀景座榻，也順利在座榻兩側配置兩座收納櫃體。

櫃體設計／為避開床頭大樑，將床往前移並增設造型與燈光，而右側結合座榻則規劃有60公分寬的櫃體，加上座榻下方與邊櫃可滿足收納需求。

格局尺度／原本牆面因有衛浴門片，導致必須留有動線寬度，讓小房間內只能擺放床鋪，視覺上顯得瑣碎狹隘，也無法創造窗邊寬敞格局。

圖片提供 _ 明代室內設計

一體兩面衣櫃，就地取材當主牆

原本兩房在拆掉隔間牆之後，臥寢與書房之間配置收納櫃兼隔間牆，以一體兩面的設計手法，利用雙面衣櫃創造 1+1 房的空間涵義。書房以強化玻璃隔間，衣櫃反倒成為客廳主牆，客廳採光也得以發揮極致。

格局尺度／臥房與書房之間是利用雙面衣櫃與一張高度 100 公分的書桌取代隔間牆，若玻璃書房需隱私時，可拉上蛇簾與百葉簾。

櫃體尺寸／一體兩面應用的衣櫃，其中一面當作客廳主牆裝飾，因此書房的衣櫃門實際僅有一個門片可以打開。衣櫃高 90 公分、深 60 公分

圖片提供 _ 六十八室內設計

化樑柱缺點為優勢

原本開放式的小空間使用率不高，因此在重新調整格局後規劃為小孩房使用，巧思的以透明拉門讓在內凹處的空間有充足的光線，也大幅開展小朋友遊戲現耍的活動範圍，局部牆面採用亮眼的粉紅色，成為冷調空間亮眼的焦點。

攝影 _ 劉士誠
空間設計 _ 大晴設計

櫃體尺寸／利用柱體與牆面內凹空間設計衣櫃及開放展示櫃，下方特別設計的開放式空間，讓小朋友在地上玩玩具後更方便收整。衣櫃門片寬 50公分；衣櫃總寬 150 公分、高240 公分、深 65 公分。

格局尺度／將鄰近入口的 2 坪小空間規劃小孩房，採用玻璃拉門讓光線穿透，拉開門後為小朋友創造零阻隔的遊戲場域。

櫃體牆結合睡床，以 C 型鋼加強承載力

男主人是一位超級軍事迷，為了讓書房保持整齊不顯凌亂，必須有足夠的收納空間收整所有的蒐藏品，大型的櫃體牆面不但解決男主人的龐大的收納需求，還多了一個睡覺的祕密基地。

櫃體設計／隱閉式收納櫃對應空間尺度發揮最大效益，置頂高度加上跨距設計，提供充足完善的收納空間。

櫃體尺寸／櫃子下方應屋主要求，特別設計一個抽屜式的睡床，但考量到系統櫃的承載能力，內部利用 C 型鋼加強整體櫃子的承載強度。睡床寬 60 公分、長 200 公分。

圖片提供 _ 大晴設計

運用牆線與樑下，材質與採光互加乘

為了顧及完全利用採光效能，主臥室的衣櫃隱藏在牆線內，充分運用樑下空間配置系統櫃規劃衣物收納，並以遮光布窗簾呈現衣櫃木質的溫潤柔和，呼應北歐風的森林自然氣息。

櫃體設計／衣櫃門扇選用德國 E1 級系統櫃，並搭配鐵件把手，體現北歐風的簡約素材。

櫃體尺寸／針對個別需求，將櫃體抽屜分層裁量，薄型抽屜高度 13～25 公分，適合放置西裝袖釦與皮帶配件。高 230 公分、寬 298 公分。

圖片提供 _ 雲司國際設計

床位衣櫃重疊，狹窄走道流暢動線

三間小孩房平均僅有 1.4 坪的空間，每間房都要有一張大單人床、書桌與衣櫃，空間上的重疊應用更顯重要，並要利用大量櫃體塑造空間的最大收納機能。以拉門打通臥房與複合式閱覽空間，將封閉感降至最低。

圖片提供＿六十八室內設計

櫃體尺寸／小孩房坪數為 209×240 公分，櫃體深度達 55 公分，即佔去幾近 1/4 空間。衣櫃高 130 公分、寬 209 公分、深 55 公分。

格局尺度／臥房之間彼此藉助採光與通風，拉門就是活動隔間牆概念，因此流暢的通道動線與傢具之間要經過縝密的計算，衣櫃與床位重疊 30 公分。

櫃體設計／為了化解衣櫃與床位重疊的壓迫感，因此衣櫃離床懸空 55 公分，並以斜面底部為造型，再利用衣櫃底部裝設閱讀燈。衣櫃離地高度 90 公分。

床底 T 牆抽屜櫃，貼身衣物滿足收納

利用雙人床的私人屬性空間，屬於個人貼身衣物或重要個資文件可收
納整理於此，除了在雙人床下方安排抽屜，搭配一旁 T 牆的矮櫃收納，
滿足各式的收納需求。

圖片提供 _ 雲司國際設計

櫃體尺寸／在雙人床與 T 字半
高牆內側的抽屜式矮櫃，主要
為貼身衣物收納之用。矮衣櫃
高 90 公分、寬 169 公分。

櫃體設計／雙人收納抽屜床架
提供額外的儲物空間，餐廳大
型收納櫃的抽屜櫃則可延伸為
床頭櫃。

順應圓弧牆設計開放衣櫃

因建築造型的關係，16 坪住宅中有一處外牆呈現 1/4 圓的格局，經規劃後作為女兒房。因房間除了牆面非直線，採光窗也很小，所以設計師先拆牆改以玻璃隔間來引進大量光源。並沿牆面設計有弧形衣櫃外，窗邊的書桌也設定弧形造型，讓兩者線條呼應外，視覺上也較無尖銳角度。

格局尺度／房間呈現 1/4 圓的格局，僅有 2.5 坪。

櫃體設計／櫃體順著弧形外牆來設計，上端以展示層板作開放櫃，下半部則以床為中心搭配兩側對稱圓弧衣櫃，如精品櫃的陳列方式在挑選衣物時更便利。

櫃體尺寸／緊靠牆邊的書桌長 199 公分、深 60 公分，除去弧線造型外，還有可用桌面長 137 公分，另外，上方也有書架層板來輔助書籍收納。

圖片提供 _ 瓦悅設計

∏型環繞，創造空間利用最大值

由於空間坪數只有 17 坪，善加利用 3 米六的高度將空間一分上下，將使用頻率較低的更衣室配置在下層，以∏字型環繞的設計，開放衣櫃和梳妝檯都能放得進去，還留出寬敞走道。客製化的抽屜設計，斜切的缺口交錯使用，產生新穎的視覺律動，也作為把手的暗示。

櫃體尺寸／兩側衣櫃深度為標準尺寸，皆為 60 公分深，吊掛區則刻意拉出不同高度，分別為 110 公分和 140 公分，提供給長短不同的衣物使用。

格局尺度／由於為複層空間，更衣室僅有 190 公分高，進出不顯壓迫。廊道則留出 120 公分，兩人同時進入不擁擠。

圖片提供 _ 明樓室內裝修設計有限公司

Point 6

浴櫃

洗浴備品都能收齊

衛浴空間中必須有收納沐浴品、衛生用品等的區域，通常依牆設置，多半設計於洗手檯下方，上方鏡子區則可依需求再擴增收納空間。而馬桶上方也是常配置收納層架的區域，可設計放置毛巾架或洗浴備品。另外，在淋浴間或浴缸的濕區範圍，則需再考量洗浴時拿取的順手性，多半可採用現成的衛浴五金。

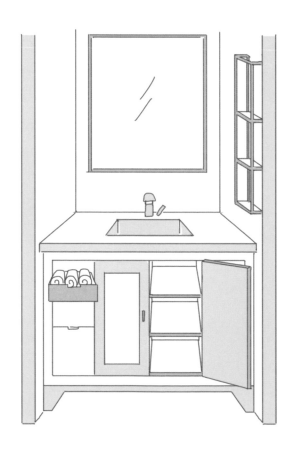

櫃體尺寸設計 01

浴櫃深度和寬度配合面盆

浴櫃的大小需取決於自家面盆的尺寸,面盆尺寸約在 48 ～ 62 公分見方。浴櫃則依照面盆大小再向四周延伸,一般深度不超過 65 公分,寬度則沒有限制,多半由空間大小而決定。而設置的高度則需彎腰不覺得過於辛苦,整體高度則約離地 78 公分左右。若是長者或小孩,則高度需再降低,建議至 65 ～ 70 公分左右。

圖片提供_玲石室內裝修有限公司

內部層板高度不定,多半在 25 公分上下

浴櫃內部多半收納沐浴品、清潔用品和衛生用品,若是依照瓶罐高度,可設計 25 公分上下的層板來收納。若是想要再收納得更細緻,可依照收納用品的寬度去分割,像是收納毛巾、牙刷、梳子等備品,本身尺度較小,可選用抽拉盤的設計,約莫留出 8 ～ 10 公分的高度即可。

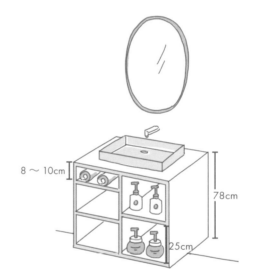

鏡櫃深度多在 12 ～ 15 公分左右

不同於化妝檯多是坐著使用,衛浴鏡櫃因為使用時多是以站立的方式進行,鏡櫃的高度也因而隨之提升。櫃面下緣通常多落在離地高度 100 ～ 110 公分,櫃面深度則多設定在 12 ～ 15 公分左右,收納內容則以牙膏、牙刷、刮鬍刀、簡易保養品等輕小型物品收納為主。

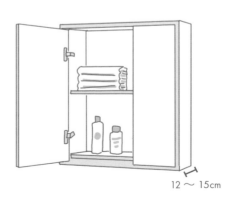

櫃體尺寸設計 02

開門或抽拉櫃都需注意是否有拉出空間

若馬桶和洗手檯成 L 型配置，浴櫃本身需注意開啟的方式是否會和馬桶相互打到。若是開門會卡到馬桶，則建議改成開放櫃。另外，若是抽屜式的設計，則要注意是否能完全拉出，考量到浴櫃的深度約在 50 ～ 65 公分之間，拉出時也需留有 50 ～ 65 公分的寬度才行。

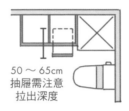

50 ～ 65cm
抽屜需注意
拉出深度

50 ～ 65cm
需注意門片
不要卡到馬桶

櫃體尺寸設計 03

毛巾架深度多在 7 ～ 25 公分之間

依照市售品的毛巾架深度，約在 7 ～ 25 公分之間，需注意毛巾架配置的位置。一般在馬桶上方多放置深度較深的毛巾架，充分利用垂直空間，需注意放置的高度需大約在 160 ～ 170 公分左右，當人從馬桶站起時也不會撞到。另外，設置在過道旁的多半採用深度較淺的毛巾架，可避免佔據太多的行走空間。

毛巾架在馬桶上方

放置的高度需在 170 公分以上。

攝影＿劉士誠
空間設計＿禾秝空間設計事務所

毛巾架在過道上

配置深度需注意不影響走道，走道寬度需留出 60 公分以上。

60cm 以上

攝影＿Amily

基本收納思考 01

採用開放設計和善用畸零區，視覺不顯小

若是衛浴空間坪數較小，除了可以縮減面盆、浴櫃尺寸外，也可採用開放的櫃體設計，減少視覺的壓迫，甚至善加運用畸零空間巧妙化為收納區域，像是可沿突出的牆體做出收納平台，或是牆面部分內凹，留出沐浴用品的收納空間。

開放設計

善用畸零空間 ─

圖片提供 _ 珞石室內裝修有限公司

五金設計 01

寬度較窄的區域選用抽拉櫃

運用不同的五金設計可讓浴櫃用途更為多元。像是可利用常見的抽拉櫃擴增收納，若是有畸零空間，寬度窄的抽拉櫃就能巧妙補足空間。另外，髒衣籃的設計可透過旋轉五金，藏入浴櫃之中，不用額外放置在外面，讓空間更為乾淨俐落。

攝影 _ 劉士誠
空間設計 _ 演拓空間室內設計

只 1 坪空間就讓衛浴機能完備

在不大的浴室空間中，不僅充分運用畸零格局規劃出置物空間，同時淋浴區也貼心設計有吊掛桿，而左側畫面上看不到的洗手台對面，還能擺設一台洗衣機，展現麻雀雖小、五臟俱全的好設計。

格局尺度／雖然僅 1 坪大的空間，但所有設備均符合人體工學的尺度，例如右側馬桶的淨空間達 90 公分，移動上相當方便。

櫃體尺寸／浴室凹洞的玻璃層板櫃寬 60 公分、深 16 公分，因乾溼分離設計可用來擺放衛浴間備品，讓原本畸零格局更好用。

圖片提供＿馥閣設計

依功能規劃衛浴區域提升使用便利

整體衛浴以使用機能分區，不僅採用乾濕分離設計，盥洗枱及浴櫃也獨立移出，因此全家人使用上更為方便，收納規劃在盥洗區域物品較不會受到濕氣影響，能保持整體衛浴的乾爽整潔。

圖片提供＿大晴設計

格局尺度／盥洗、廁所及沐浴以分區規劃的方式獨立衛浴機能，讓沐浴和盥洗能個自使用，不會因有人在使用衛浴影響到其他機能。

櫃體設計／浴櫃搭配衛浴整體溫暖的木質調性，採用白色櫃身搭配石材檯面，使衛浴也能融入居家風格。

櫃體設計／浴櫃結合開放式、抽屜式收納方式，能因應不同用品收整，中間掀門則因水管管線方便維修，懸吊設計使櫃體視覺感更輕盈。

移出面盆、浴缸，讓浴室尺寸更寬敞

為解決原本浴室空間過小的問題，決定將面盆與淋浴區移出，讓馬桶座單獨使用，如此才可加寬面盆區的浴櫃寬度，而左側則是面窗迎光的浴缸泡澡區，也讓浴室更大更好用。

格局尺度／因空間過小，乾脆將廁所與浴室分開設計，經重新規劃後除有大浴缸，面盆也換成 60 公分的大尺寸。

櫃體尺寸／馬桶移出，多出的空間留給浴櫃，加寬至 145 公分、檯面深度也達 45 公分，寬敞之餘、採光也很充足。

圖片提供 _ 馥閣設計

雙面盆設計，貼近屋主生活習慣

衛浴依照屋主生活日常客製規劃，夫妻 2 人希望有個自獨立的盥洗面盆，因此可以個人習慣使用，盥洗枱尺寸配合空間尺度配置適當的檯面長度，沒對外窗的空間利用裝飾壁燈提升亮度。

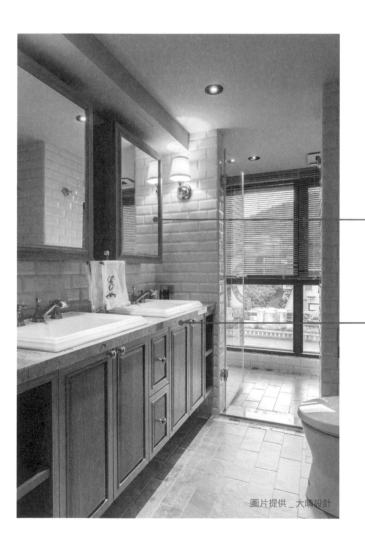

圖片提供 _ 大晴設計

櫃體設計／在長 183 公分盥洗檯配置寬 46 公分、深 41.3 公分的雙面盆並搭配木製雙鏡箱，不但同時使用時不會相互影響，收納上也不會混淆。

櫃體尺寸／兩側管道間自然形成通往沐浴區入口，而盥洗檯長向順著空間尺度訂製，面盆間距則考量到使用時放置物品的方便性，浴櫃深度則依面盆尺寸來制定。高 55 公分、寬 45 公分、長 183 公分。

浴用置物收納鏡箱，照亮飯店精品感

以乾濕分離為首要需求，電熱水器已預埋在天花板裡，因此浴櫃鏡面
反射時更能產生空間放大感，由於衛浴位置完全沒有對外採光與通風，
淋浴間與貓道相鄰牆面使用霧面玻璃，可增加採光亮度。

格局尺度／衛浴採乾濕分
離，並利用淋浴間與貓道相
鄰的霧面玻璃，作為採光的
來源。貓道寬度 60 公分。

櫃體設計／浴櫃採用鏡面材
質，兼具梳妝鏡功能，鏡面
反射大理石紋磚牆面，營造
住在飯店的精品感。鏡櫃離
地高度 160 公分。

圖片提供 _ 六十八室內設計

將結構柱轉換為面盆區隔間牆

浴室延續公共區域的黑白色調，選擇以立體觸感的亮面瓷磚強調出現代感風格。而在格局上就利用結構柱面的區隔，將淋浴區與面盆區分隔開來，使得面盆區的設計更顯獨立好用。

格局尺度／淋浴間的格局尺寸為長 94.5 公分、寬 79.5 公分，空間雖然不大，但是符合人體工學，使用上也不會有卡卡的問題。

櫃體設計／巧妙利用浴室內受阻的格局來設計出獨立的面盆區，不僅使用上方便，且更有層次感與美感。

圖片提供＿瓦悅設計

十一日晴空間設計

TheNovDesign@gmail.com
台北市文山區木新路二段 161 巷 24 弄 6 號

大晴設計

02-8712-8911#110
台北市松山區南京東路四段 53 巷 10 弄 21 號

六十八室內設計

0919-520-450・02-2394-8883
台北市大安區永康街 75 巷 22 號 2F

瓦悅設計

02-2517-7582
台北市中山區民權東路二段 152 巷 5 弄 19 號 2 樓

禾秝空間設計事務所

02-2215-0180
新北市新店區安康路三段 165 巷 2 弄 6 號 1 樓

禾睿設計

02-2547-3110
台北市松山區民生東路三段 110 巷 14 號 1 樓

明代室內設計

02-2578-8730・03-426-2563
台北市光復南路 32 巷 21 號 1 樓
桃園市中壢區元化路 275 號 10 樓

禾光室內裝修設計

02-2745-5186
台北市信義區松信路 216 號 1 樓

珞石室內裝修有限公司

02-2555-1833
台北市大同區赤峰街 33 巷 10-1 號 2 樓

雲司國際設計

02-2522-3390
台北市中山區松江路 200 號 8 樓之二

福研設計

02-2703-0303
台北市大安區安和路二段 63 號 4 樓

綺寓空間設計

02-8780-3059
台北市信義區松仁路 228 巷 9 弄 5 號 1 樓

馥閣設計

02-2325-5019
台北市仁愛路三段 26 之 3 號 7 樓

特別感謝
朝陽科技大學建築系助理教授 劉秉承

國家圖書館出版品預行編目 (CIP) 資料

小宅放大！行內才懂的尺寸關鍵術 暢銷改版／漂亮家居
編輯部著 . – 2 版 . – 臺北市：麥浩斯出版：家庭傳媒城邦
分公司發行，2018.06
　　面；　公分 . – (Solution；91X)
ISBN 978-986-408-395-4(平裝)

1. 家庭佈置 2. 空間設計 3. 室內設計

422.5　　　　　　　　　　　　　　　　107009375

Solution 91X

小宅放大！行內才懂的尺寸關鍵術
暢銷改版

從人體工學開始，抓出最好的空間比例、
傢具尺寸，人就住得舒適

作者	漂亮家居編輯部
責任編輯	許嘉芬、蔡竺玲
封面＆美術設計	莊佳芳
採訪編輯	王玉瑤、陳佳歆、陳婷芳、 鄭雅分、鍾侑玲、蔡竺玲
插畫	黃雅方
行銷	呂睿穎
發行人	何飛鵬
總經理	李淑霞
社長	林孟葦
總編輯	張麗寶
副總編輯	楊宜倩
叢書主編	許嘉芬
版權專員	吳怡萱

出版	城邦文化事業股份有限公司 麥浩斯出版
地址	104台北市中山區民生東路二段141號8樓
電話	02-2500-7578
E-mail	cs@myhomelife.com.tw
發行	英屬蓋曼群島商家庭傳媒股份有限公司城邦分公司
地址	104台北市民生東路二段141號2樓
讀者服務專線	0800-020-299 （週一至週五AM09:30～12:00；PM01:30～PM05:00）
讀者服務傳真	02-2517-0999
E-mail	service@cite.com.tw
劃撥帳號	1983-3516
劃撥戶名	英屬蓋曼群島商家庭傳媒股份有限公司城邦分公司

香港發行	城邦(香港)出版集團有限公司
地址	香港灣仔駱克道193號東超商業中心1樓
電話	852-2508-6231
傳真	852-2578-9337

馬新發行	城邦(馬新)出版集團 Cite (M) Sdn Bhd
地址	41, Jalan Radin Anum, Bandar Baru Sri Petaling, 57000 Kuala Lumpur, Malaysia.
電話	603-9057-8822
傳真	603-9057-6622

總經銷	聯合發行股份有限公司
電話	02-2917-8022
傳真	02-2915-6275

製版印刷	凱林彩印股份有限公司
版次	2021年6月2版 3 刷
定價	新台幣380元整

Printed in Taiwan